AQUÍ TU HUERTO

Cultiva tu salud con tus propios alimentos frescos y ecológicos en cualquier espacio urbano o rural

Ramón Navia

Diego Martínez

ISBN: 978-1-963744-43-9

Asesoramiento y Metodología sobre la creación del Libro:
Lioc Editorial

Hay algo que quiero compartir contigo...

Haz clic en el enlace o utiliza tu móvil para acceder a través del QR:

https://esc.anea.me/rn_bienvenida

Puedes descargar el Audiolibro
leído por el autor, en la última página.

Totalmente gratis

AGRADECIMIENTOS

A mi socio y coautor de este libro, Diego Martínez Vélez, con quien he atravesado tantas etapas —buenas y no tan buenas— y que siempre ha estado a mi lado brindándome su apoyo incondicional. Gracias, amigo.

A mi mujer y a mis tres hijas, por acompañarme en este camino y permitirme desarrollar nuestro huerto con su amor y apoyo incondicional.

A toda mi familia, tíos y primos, por vuestro apoyo inquebrantable y el cariño que siempre me habéis brindado. Gracias por estar siempre a mi lado.

A mis padres, por inculcarme desde pequeño el amor por la tierra y la cultura del huerto, enseñándome con su ejemplo el valor del esfuerzo, la paciencia y la conexión con la naturaleza.

A mis amigos Raafat, Sharif y Selim, por enriquecer mi vida con su amistad incondicional y por tantas semillas de Egipto que han sido parte de este viaje.

A los agricultores mencionados en este libro, y a muchos más, que han compartido generosamente sus experiencias conmigo. Juntos hemos resuelto innumerables enigmas y aprendido de la sabiduría de la tierra.

Al grupo del comunal, por su apoyo, cariño y la riqueza humana que me han aportado. Sin vosotros, este libro no habría sido posible.

A todos nuestros antepasados que, con su sensibilidad y esfuerzo, fueron cultivando generación tras generación, esas maravillosas variedades que hoy disfruto rescatando y compartiendo.

A Félix Rodrigo Mora, por su inspiración y valioso aporte de ideas.

A Mari Carmen Martínez Poyato, por su sensibilidad, sus generosas palabras en el prólogo y por creer en este proyecto desde el corazón.

Y a LIOC Editorial, por su impecable acompañamiento en la creación de este libro, por ayudarme a dar forma a todo este conocimiento y hacerlo accesible con tanto compromiso y profesionalidad.

Ramón Navía-Osorio

ÍNDICE

PRÓLOGO

Enhorabuena, tienes en tus manos uno de los libros más completos y prácticos que se han escrito para quienes desean iniciarse en el mundo de un conocimiento valioso de lo que significa realmente la agricultura urbana y ecológica.

Para mí es un gran orgullo poder hablarte sobre lo que te espera en estas páginas.

Como médico considero que una de las piedras angulares de la salud es necesariamente la alimentación consciente y de calidad, que nutra nuestro cuerpo y nuestra alma. Así es como mi búsqueda curiosa, comprometida y concienzuda, para la mejora optimizada de mi propio bienestar, me permitió, con gran fortuna, encontrar la respuesta perfecta en Ramón Navía-Osorio y Diego Martínez, maravillosos SERES, coautores de esta fantástica obra que ahora tienes entre manos.

Corría el año 2020 y andaba yo a ciegos golpes de azada con lo que imaginaba iba a ser mi huerto, una plantación ecológica en la que tener al alcance de mi mano frutas y verduras de mi propia cosecha. Si bien, lo que obtuve fue un gran manojo de frustración. De la manera más inocente e improvisada, aplicaba cualquier consejo desde el más absoluto desconocimiento. El dicho "la ignorancia es lo más atrevido" se materializaba y me mostraba la complejidad real del reto al que me enfrentaba. Mis esfuerzos y, como no, los resultados fueron infructuosos, desvaneciéndose en ese momento el propósito de producir mis propios alimentos.

Fue entonces cuando tuve el privilegio de conocer a Ramón y a Diego, brillantes ingenieros agrónomos que han dado vida a este libro. Son personas excepcionales, humildes y apasionadas por la naturaleza, que se dedican plenamente a la preservación de muchas zonas naturales, amenazadas por la insaciable sed urbanística, así como a la regeneración de algunas otras, rescatando el equilibrio propio del entorno.

Ramón y Diego ofrecen ayuda y una divulgación amorosa y apasionada a aquellos que demandan soporte de su excelencia en cuanto al conocimiento genuino, que han sabido preservar al mantener el vínculo respetuoso con la tierra de la que logran un fértil y abundante cultivo de forma consciente y sostenible como fruto de su buen hacer. Sus enseñanzas establecen un sistema de cultivo autosuficiente y muy productivo, de inconmensurable valor, tanto por la calidad como por la inabordable diversidad que han ido rescatando durante su dilatadísima experiencia profesional.

Nos enseñan a retomar un conocimiento primigenio, a comprender cómo la tierra es una parte insustituible de nosotros, que nos entrega vida a través de sus cultivos, transmitiendo su pasión desde la propia esencia del germen de la vida que tienen las plantas. Ramón y Diego son los directores de orquesta que logran el perfecto equilibrio en la partitura de todas las plantas que componen sus huertos, adecuándose a cada estación, rotando los cultivos, integrando especies medicinales y aprovechando las sinergias que entre determinados cultivos suponen un beneficio.

Nos ofrece un SABER sobre la agroecología, como vía para relacionarnos de manera sana con la tierra y con sus frutos. Este libro es un reflejo de su vasta experiencia y conocimiento, así como de su profundo deseo de restablecer el vínculo entre el ser humano y su entorno. No te ofrecerán soluciones rápidas ni superficiales, sino algo mucho más valioso: las herramientas necesarias para que crees un huerto sano, eficiente y en equilibrio con el mundo que nos rodea.

A lo largo de estas páginas, descubrirás que cultivar y conectarte con la tierra es también una forma de terapia, una fuente de salud mental y física.

Con su sabiduría, dedicación y sinceridad que le caracteriza, Ramón y Diego nos enseñan que, con pequeños cambios en nuestra manera de cultivar, podemos marcar la diferencia. Puedo asegurar, con el corazón en la mano y desde mi más sincera admiración, que su labor es de inconmensurable valor.

Solo me queda animarte a emprender este emocionante viaje que te llevará a replantearte lo que sabes sobre el cuidado de las plantas, tu relación con ellas y, como consecuencia, a la exploración de un nuevo universo de posibilidades. Estoy segura de que, como me ocurrió a mí, sus enseñanzas aseguran un aporte muy valioso que transformará significativamente tu forma de entender la relación con la tierra, y, por qué no, tu propia alimentación consciente.

"La naturaleza nunca ha traicionado a quien la ha amado". William Wordsworth

¡Feliz lectura!

Mari Carmen Martínez Poyato
Doctora en medicina y cirugía
Máster en envejecimiento y fragilidad

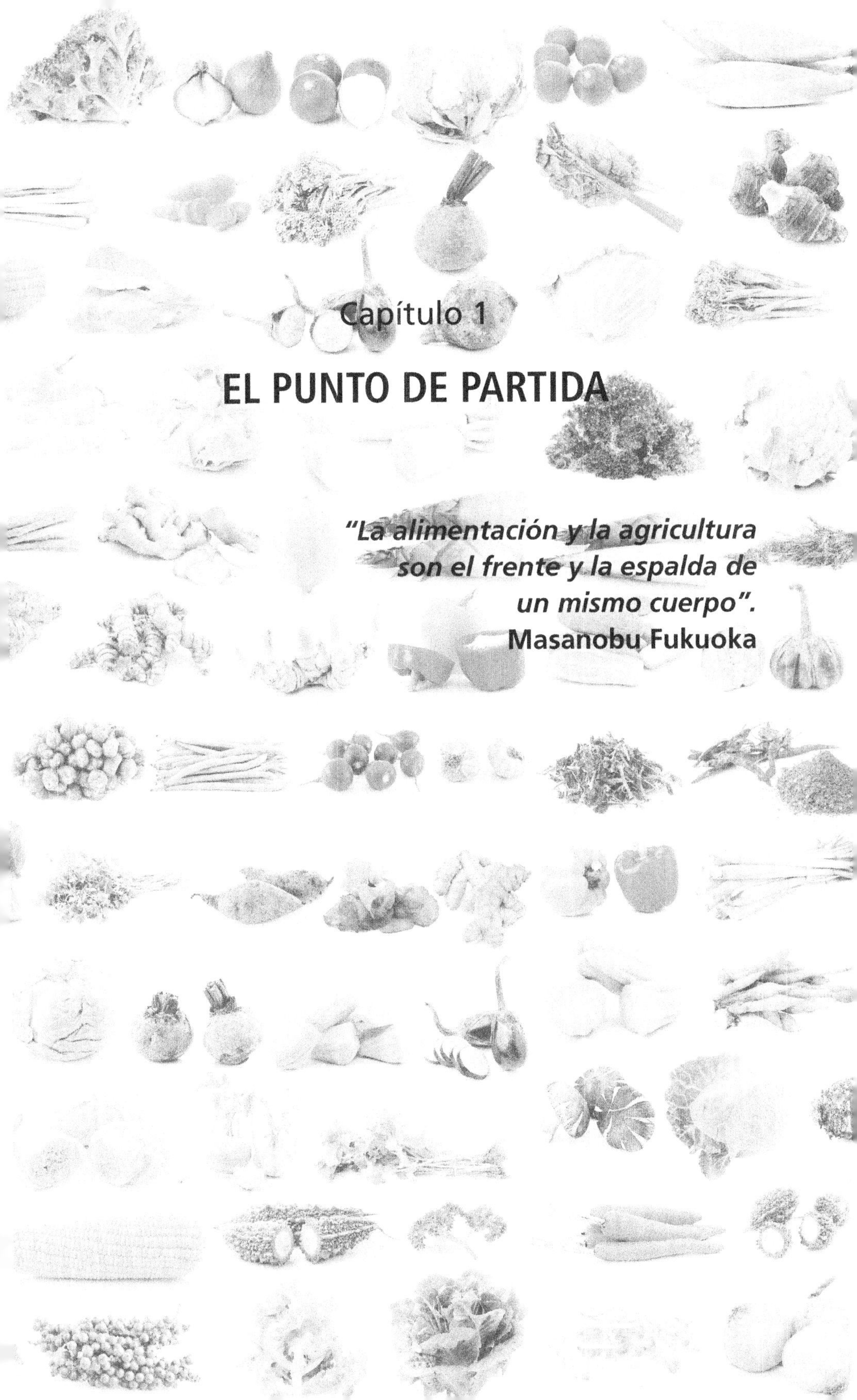

Capítulo 1

EL PUNTO DE PARTIDA

"La alimentación y la agricultura son el frente y la espalda de un mismo cuerpo".
Masanobu Fukuoka

Aunque en el mundo existen más de 7.000 especies vegetales consideradas comestibles, actualmente nos alimentamos de unas 30 que representan el 90 % de nuestra dieta. Y de estas, 5 constituyen la mitad de lo que comemos habitualmente. Esta alarmante homogeneidad es un reflejo de cómo nuestra alimentación ha perdido variedad y se ha vuelto más dependiente de productos envasados, industrializados y de producción en masa, provenientes de monocultivos.

Además, enfrentamos otros problemas derivados de la mala gestión de las superficies de cultivo, el uso excesivo de pesticidas, fertilizantes químicos y el deterioro de la calidad de las semillas. Como ingeniero agrónomo especializado en diversos cultivos, árboles y plantas a nivel mundial, he presenciado de primera mano los efectos devastadores de estas prácticas. En este libro, no solo abordaré este importante tema que nos afecta a todos y sus consecuencias, sino que también te proporcionaré información sobre las soluciones a nuestro alcance.

Nuestra salud, la de nuestro planeta y el bienestar de futuras generaciones dependen de un cambio urgente hacia una agricultura sostenible y saludable. Es fundamental que cambiemos nuestro rumbo antes de que sea demasiado tarde.

Quiero invitarte a redescubrir la magia de cultivar nuestros propios alimentos, a reconectar con la tierra y a disfrutar de una alimentación verdaderamente sana y nutritiva. Embárcate en este viaje conmigo explorando las maravillas de la biodiversidad y aprendiendo cómo puedes contribuir a un mundo más sano y equilibrado desde tu propio hogar. No solo mejorarás tu bienestar personal, sino que también serás parte de una solución global para un futuro más sustentable y lleno de vida. ¡Es hora de redescubrir la esencia de una alimentación sana!

¿De qué nos alimentamos?

De las 30 especies botánicas que consumimos a diario, 5 representan la mitad de nuestra alimentación. Estos son los cultivos más importantes del mundo:

- **Caña de azúcar:** Este cultivo, característico de regiones tropicales y subtropicales, se siembra en diversas partes del mundo y se utiliza para producir azúcar, edulcorantes, alcohol y otros productos. La caña de azúcar es una excelente fuente de calorías, carbohidratos, fibra, vitaminas y minerales, destacando su contenido en potasio, vitamina B6 y vitamina C. Sin embargo, una vez procesada, pierde todas estas propiedades. En el proceso de refinamiento, se añade ácido sulfúrico para obtener el azúcar blanco que todos conocemos, el cual se ha convertido en una fuente de adicción en muchos productos de "comida rápida" o "comida basura" de hoy en día.

- **Trigo:** El trigo es un cereal cultivado en todo el mundo y constituye un alimento básico para millones de personas. Puede consumirse fresco, hervido, frito, asado o rallado. También se utiliza para elaborar productos como pan, pasta, galletas y cereales. Proporciona a nuestro organismo hierro, magnesio, fósforo y zinc. Las variedades modernas de trigo contienen mucho más gluten y es más inflamatorio, por lo que no es nada saludable y adictivo.

- **Arroz:** El arroz resulta esencial para más de la mitad de la población mundial, especialmente en Asia. Es una gran fuente de energía y nutrientes, y juega un papel crucial en la seguridad alimentaria de muchas regiones. No obstante, en el proceso de descascarillado (quitar la cáscara) se eliminan prácticamente todos los nutrientes importantes.

- **Patata:** La patata es un tubérculo cultivado en todo el mundo. Es una excelente fuente de carbohidratos, vitaminas y minerales. Resulta muy versátil y se utiliza en una amplia variedad de platos y productos procesados.

- **Tomate:** El tomate es uno de los vegetales más consumidos. Se emplea en diversas preparaciones culinarias, desde ensaladas hasta salsas. Además de su valor nutricional, su producción es significativa para la industria de alimentos procesados. Pero con las nuevas variedades híbridas se ha perdido más de la mitad de los nutrientes que antiguamente contenían.

Estas son las especies vegetales más consumidas a nivel mundial. También hay otras muy habituales, como el maíz. En total, existen unas 400.000 especies botánicas, de las cuales alrededor de 7.000 son comestibles para el ser humano; de ellas se derivan infinidad de variedades.

Para ilustrarte mejor: las especies son grupos de organismos similares capaces de reproducirse entre sí, mientras que una variedad es un grupo con ciertas características morfológicas comunes.

Dentro de una especie de plantas, las variedades son grupos que presentan diferencias particulares en aspectos como la forma, el tamaño, el color, el sabor o la resistencia a ciertas enfermedades. Estas diferencias se deben a variaciones genéticas dentro de la misma especie y pueden desarrollarse de manera natural o a través de la intervención humana mediante el cultivo selectivo.

Por ejemplo, dentro de la especie de los pimientos, existen variedades como el pimiento California y el chile picante. El primero es de forma cuadrada, generalmente dulce y comúnmente utilizado en ensaladas y diversas recetas. En cambio, el segundo presenta una forma más alargada y su sabor es picante.

Para que te hagas una idea, solo en el caso del arroz existen 120.000 variedades, y así sucede con otros cultivos.

No obstante, hoy en día consumimos muy pocas especies, la mayoría híbridas que controlan unas pocas multinacionales, con escasas variedades de estas y de mucha menor calidad.

Homogeneidad forzada

Al realizar la compra en el supermercado, llama la atención la notable homogeneidad de las especies comestibles en venta, algo que va en contra de lo natural. Lo esperado sería encontrar diferencias en cuanto a color, peso, tamaño y forma entre los productos. La igualdad que observamos es resultado de la intervención humana.

A pesar de que se cultiva con ejemplares híbridos y técnicas avanzadas de siembra, no se logran productos totalmente idénticos. Como consecuencia, lo que no cumple con los estándares de homogeneidad se descarta, representando aproximadamente el 50 % de las cosechas. Así pues, esta uniformidad forzada genera un enorme desperdicio de alimentos.

He experimentado este fenómeno de primera mano, por ejemplo, al cultivar apio para la venta. Esta planta puede alcanzar un peso de hasta 2 kilogramos, pero debido a los requisitos de comercialización se reduce a unos 400 gramos, que es lo que habitualmente se vende en los mercados. Como resultado, se desperdician grandes cantidades de hojas de apio que podrían ser aprovechadas y reducir la necesidad de más cultivos de esta hortaliza.

El desperdicio de frutas y verduras comienza desde el inicio de la cadena de suministro, principalmente debido a exigencias estéticas. Muchos alimentos son descartados simplemente porque no cumplen con los estándares de tamaño, color o forma "perfectos" que los minoristas esperan. Además, si los precios en el mercado son demasiado bajos, a menudo los agricultores dejan sus cosechas en el campo porque no les resulta rentable recogerlas, o quedan sin cosechar para evitar que los precios caigan aún más.

En nuestra agricultura industrial, aproximadamente la mitad de lo que se cultiva se desperdicia en el campo. Esta práctica representa una gestión ineficiente y no sostenible de los cultivos, tanto para el medioambiente como para la economía agrícola. Implica un consumo elevado de recursos como energía para el riego, pesticidas y el uso de abonos químicos que, además, no son infinitos. Estamos agotando nuestras reservas para el futuro y, al mismo tiempo, disminuyendo la diversidad y calidad de los alimentos que consumimos.

La calidad de las semillas

El documental *Las semillas del beneficio* revela que los nutrientes presentes en las frutas y verduras que consumimos en la actualidad han disminuido notablemente (entre el 50 y el 60 %). En las últimas décadas, hemos perdido altos porcentajes de calcio, magnesio, zinc y vitamina C, y la deficiencia de hierro es alarmante, llegando a la mitad de lo que solía ser.

Aunque hemos aumentado la producción de alimentos, la calidad ha sufrido una drástica caída. La agricultura se ha vuelto más rentable que sostenible, lo que impacta negativamente en la salud humana, el bienestar del planeta y el futuro de las próximas generaciones. Gran parte de esta situación se debe a las multinacionales agroquímicas, que han inundado el mercado con semillas híbridas industriales. Estas semillas, resultado del cruce de diversas variedades de plantas, están diseñadas para cumplir con las demandas comerciales, priorizando la apariencia sobre la calidad.

A diferencia de las semillas tradicionales, que buscaban resistencia y adaptación al entorno climático, las híbridas presentan varias desventajas. Por un lado, su alta homogeneidad genera una competencia desleal que dificulta la rentabilidad para los agricultores que optan por no utilizarlas. Además, debido a que estas semillas no pueden reproducirse, los agricultores se ven obligados a comprarlas cada temporada ¡a precios elevadísimos! Para que te hagas una idea, un kilo de semillas de tomate híbrido puede costar cerca de un millón de euros.

Por otro lado, la falta de diversidad genética hace que el uso de una sola variedad híbrida pueda poner en riesgo a todas las plantas frente a enfermedades y plagas, promoviendo el monocultivo, que es muy vulnerable.

Y, al enfocarse en el rendimiento, frecuentemente se sacrifican el sabor y los nutrientes, dando como resultado productos de menor calidad.

Por ejemplo, para desarrollar estos híbridos a menudo se combinan genes de verduras y frutas silvestres con genes conocidos como "de larga vida". Aunque este término pueda sonar positivo, en realidad no lo es. Por ejemplo, a principios de los años 90 se empezaron a producir los llamados "tomates de larga vida", que son muy duros y tardan más en madurar. Mientras que un tomate normal se estropea en una semana, estos pueden durar hasta un mes. Son ideales para la distribución en supermercados, pero no para el consumo humano. La mayoría de los frutos que consumimos hoy en día contienen este gen de larga vida, que además conlleva una notable pérdida en la intensidad de su sabor.

Hoy en día, las multinacionales están produciendo sus propias semillas y desarrollando productos transgénicos, que son aún más problemáticos. A diferencia de los híbridos, que mezclan genes de variedades, subespecies o especies cercanas, los transgénicos incorporan genes de especies genéticamente distantes. Es el caso del maíz transgénico cultivado en España, que incluye un gen de bacteria que mata a las orugas que dañan la mazorca. Este gen también afecta a otros insectos como las mariposas y convierte la planta en un riesgo potencial para la salud humana.

En la soja transgénica se han incorporado genes de amaranto y otras plantas para aportar resistencia al glifosato, un herbicida ampliamente utilizado en el control de malezas. Sin embargo, esto implica que todos estamos consumiendo glifosato. Según la Organización Mundial de la Salud (OMS), se considera un "posible carcinógeno" que puede tener efectos adversos en la salud humana, aumentando el riesgo de cáncer, que se ha convertido en la primera causa de mortalidad humana.

Inevitablemente, este camino nos conduce a un mayor desequilibrio, por lo que es fundamental retornar al origen de nuestros alimentos para solucionar este problema.

La desconexión entre las personas y la naturaleza se amplía cada vez más, y es crucial corregirla para evitar autodestruirnos y deteriorar nuestra calidad de vida. Las consecuencias ya son visibles en forma de nuevas alergias, problemas de fertilidad, afectaciones en los sistemas inmunológico y hormonal, así como en diversos órganos, y un aumento en enfermedades como el autismo, el cáncer y la diabetes.

La intoxicación del ser humano

Uno de los problemas más serios de la agricultura moderna es el uso de fertilizantes químicos y pesticidas, cuyas consecuencias son profundamente perjudiciales para los seres humanos. Y esto ha ido aumentando a lo largo de los años.

Recuerdo con claridad cómo en 1984 se fumigaba los invernaderos de pimientos, en promedio, cada quince días. Con el paso del tiempo, sin embargo, esto se ha incrementado drásticamente. En los inicios, las fumigaciones eran menos frecuentes y las plagas escasas, pero en apenas seis años la situación se deterioró notablemente. Para los años 90, se fumigaba entre dos y tres veces por semana, utilizando combinaciones de productos químicos, sin evaluar adecuadamente su impacto en los alimentos.

Ver los cultivos cubiertos de tantos químicos era impactante y desolador. Incluso los animales dejaron de acercarse a las plantaciones; ningún ser vivo quería aproximarse a ese veneno.

Hoy en día, he llegado a presenciar fumigaciones ¡hasta dos veces en un solo día! Además, estas medidas no son efectivas a largo plazo, ya que los pesticidas están diseñados para atacar partes específicas de insectos y hongos. Esto solo ha llevado al desarrollo de resistencias, obligando a aumentar las dosis de fumigación y a crear mezclas con varios compuestos, empeorando así la situación de los cultivos y aumentando nuestra exposición a sustancias tóxicas.

En Europa, se ha prohibido el uso de muchos de estos químicos dañinos en la agricultura, una medida que apoyo con firmeza. Sin embargo, los alimentos producidos con estos pesticidas pueden importarse sin restricciones desde otros países. Uno de estos compuestos prohibidos es el clorpirifos, un pesticida utilizado para controlar plagas como insectos y orugas. Este se ha empleado principalmente en productos cítricos, manzanas, plátanos, entre otros. El clorpirifos puede ser absorbido por ingesción, inhalación e incluso a través de la piel, actuando como una neurotoxina tanto para animales como para humanos, causando serios problemas cognitivos y de comportamiento.

Otra sustancia prohibida es el DDT (diclorodifeniltricloroetano), vetado en España desde la década de los 70. Fue el primer insecticida utilizado de forma masiva para combatir diversas plagas de insectos.

Recuerdo un documental filmado en 1946 como parte de una campaña contra la malaria. En él, un entomólogo rociaba un cuenco de avena con DDT y luego lo comía a cucharadas, para demostrar que no presentaba ningún riesgo, afirmando que era tan seguro que "hasta se podía comer".

Imagen del vídeo utilizado en la campaña *"DDT so safe you can eat it"*

Sin embargo, en 1962, la publicación del libro "La Primavera Silenciosa" reveló las graves consecuencias del DDT, que dañaba los huevos de las aves, provocando su rotura. Con el tiempo, se demostró que este pesticida no solo afecta a la naturaleza y los cultivos, sino también a las personas. Puede provocar efectos en el sistema nervioso central, como convulsiones y fallos respiratorios. La exposición prolongada al DDT afecta a todo nuestro organismo, aumentando el riesgo de cáncer y tumores.

Lamentablemente, el DDT es un contaminante orgánico persistente; aún se encuentran residuos en lagos y ríos de países donde dejó de utilizarse hace décadas. También se detecta en la sangre de una gran parte de la población. Incluso, se ha encontrado contaminación por DDT en pingüinos del Antártico, y se prevé que permanezca en nuestro entorno durante muchos años más.

Otro pesticida peligroso es el lindano, que era muy usado en la agricultura hasta principios del año 2000 y estaba disponible en farmacias y ferias. Se empleaba en forma de loción para aplicarse en la piel y eliminar el ácaro causante de la sarna, así como en champú para acabar con piojos y liendres. La única precaución era evitar su uso en niños pequeños. En la actualidad, ha sido clasificado como cancerígeno para los seres humanos, vinculándose directamente con el desarrollo de linfoma no Hodgkin. A pesar de su prohibición en 2008, aún se encuentra en el medioambiente, especialmente en suelos y ríos. Se trata de un tóxico persistente, de muy lenta biodegradación.

Es contradictorio que, mientras estos pesticidas están prohibidos en Europa por su alto riesgo, algunos sigan produciéndose y exportándose a otras partes del mundo. Al mismo tiempo, la UE importa alimentos cultivados con estos pesticidas, exponiendo a los consumidores europeos a sus residuos. Además, esto crea una competencia desleal para los agricultores europeos. Los productos importados no tienen que cumplir con las normativas comunitarias, permitiendo condiciones laborales más precarias y el uso más flexible de plaguicidas y agroquímicos para aumentar los rendimientos. Todo esto contribuye a que importar productos sea más rentable que producirlos en Europa.

Se trata de una falta de ética en las grandes empresas comerciales y en el gobierno. Es alarmante, porque estamos expuestos a una creciente intoxicación. De hecho, la mitad de los residuos detectados en la sangre de los europeos provienen de productos químicos prohibidos. Los análisis revelan la presencia de residuos de entre 20 y 30 de estas sustancias tóxicas.

En mi caso, hace algunos años me realicé unos análisis y encontraron dos de estos residuos en mi sangre, ninguno en la orina y cuatro en las heces. La mayoría de las personas tienen entre 15, 20 y 30 residuos similares. Al estudiar los contaminantes presentes en el aire que me rodeaba, se detectaron un total de 18. ¡No tengo ni idea de cómo muchos de estos químicos han podido llegar a mi organismo! Para ilustrarte mejor, hay herbicidas para lechugas que pueden contaminar productos ¡hasta a unos 3 kilómetros de distancia!

Vivimos en un mundo altamente contaminado del que no somos conscientes. Esta situación afecta nuestra calidad de vida, provocando obesidad, deterioro de la salud y diversas enfermedades. El cáncer es ahora la principal causa de muerte, superando al infarto, y se debe en gran medida a la intoxicación que estamos sufriendo.

Según la OMS: *"Alrededor de 1 de cada 5 personas desarrollará cáncer a lo largo de su vida. Aproximadamente, 1 de cada 9 hombres y 1 de cada 12 mujeres mueren a causa de esta enfermedad"*.

Este panorama nos enfrenta a la urgente necesidad de replantear nuestras prácticas agrícolas y optar por métodos más sostenibles y saludables, protegiendo así no solo nuestra salud, sino también la de nuestro entorno y futuras generaciones.

En búsqueda de soluciones

Ante esta situación, en 1996 comencé a desarrollar un sistema alternativo para evitar el uso de insecticidas en los invernaderos de pimientos. Mi objetivo era encontrar opciones no tóxicas, estables y naturales para el cultivo de plantas. El éxito fue total y en tan solo tres años, el 100 % de los invernaderos de pimientos de la región adoptaron este sistema. Tal fue su eficacia que este sistema se expandió rápidamente a otras zonas.

Partí de la premisa de que los bosques, por su propia naturaleza, no sufren de plagas significativas, así que decidí estudiar y replicar el funcionamiento natural de los ecosistemas.

Una regla fundamental de la ecología es que los sistemas son más estables cuanto mayor es su diversidad; por lo tanto, los monocultivos son propensos a generar inestabilidad.

Por otro lado, observé que algunas plagas severas tienen depredadores naturales que pueden introducirse en áreas de cultivo o invernaderos. Por ejemplo, los *trips* son insectos que causan considerables daños en diversos cultivos, pero existe un tipo de chinche (Orius) que se alimenta de ellos.

De esta forma, el uso de insectos depredadores para el control de plagas representa una forma natural de proteger el medioambiente y la salud humana. Además, estos depredadores no permiten que las plagas desarrollen resistencia, por lo que se asegura un control efectivo y duradero. Hoy en día, el empleo de depredadores naturales se considera una solución ecológica y sostenible, siendo Europa el continente donde más se practica esta técnica.

Semillas autóctonas: mi descubrimiento de la okra

Hace unos 20 años, gracias a mi trabajo, tuve la maravillosa oportunidad de viajar a la República Dominicana. En una de las comidas, me invitaron a un *buffet* local, repleto de platos desconocidos para mí. Fue allí donde descubrí algo que cambiaría mi perspectiva para siempre: la okra. Su textura gelatinosa, perfecta para la digestión, me cautivó de inmediato y despertó mi curiosidad. Aquella experiencia marcó el comienzo de un viaje personal hacia la variedad de las plantas.

Aunque debo reconocer que mi acercamiento a la diversidad alimentaria había comenzado mucho antes. Tenía apenas 15 años cuando una tía misionera que vivía en Argentina me presentó los zapallitos, una deliciosa variedad de calabacín. En ese entonces, apenas llamó mi atención, pero la okra me inspiró profundamente. Desde ese momento, me embarqué en la investigación sobre frutas y verduras de diferentes regiones del mundo, fascinado por sus sabores, colores y beneficios únicos. Para mí, esta diversidad es algo mágico que merece ser protegido y preservado.

Por este motivo, me he dedicado a estudiar la gastronomía mundial y a recolectar semillas autóctonas para asegurar su conservación.

Cada verano, cultivo okra en mi propio jardín. Esta planta originaria de África se consume en casi todo el mundo, pero sorprendentemente no en Europa y algunas regiones específicas. La okra no solo es rica en antioxidantes, alta en fibra y baja en calorías, sino que también es conocida por su capacidad para mejorar la digestión, prevenir el estreñimiento y promover una salud óptima.

Recuerdo las sabias palabras de mi tío, un químico de profesión, quien solía decir que el estreñimiento puede ser un indicativo de problemas hepáticos y que muchos laxantes tienen efectos adversos en el hígado. La okra, en cambio, ofrece una solución natural y beneficiosa para este padecimiento. Es un alimento que no solo nutre el cuerpo, sino que alimenta el alma con su sabor único y propiedades curativas.

Durante un viaje a Egipto, también tuve la oportunidad de descubrir un tipo de puerro llamado kurrat, pero más pequeño y con hoja más estrechas del que nosotros solemos conocer.

Originaria de la región mediterránea oriental, es un ingrediente valorado en la cocina local, especialmente en Egipto e Irán, por sus sabrosos brotes comestibles. Fue sorprendente descubrir que, incluso en estos países donde el kurrat es parte de la tradición culinaria, muchas personas apenas ya recuerdan esta planta.

¡Existen muchísimas variedades locales que se han olvidado!

Un ejemplo de ello es el ajo elefante, que también es una raza de puerro que produce unos enormes ajos. Muchos de sus dientes ¡pueden llegar a pesar más de 100 gramos cada uno!

Otro ejemplo es una variedad de tomate amarillo con un sabor muy suave y agradable que procede de un pueblo de Murcia (España).

Estas experiencias y otras muchas más, han enriquecido mi vida de formas inesperadas, aumentando mi conexión con la biodiversidad del planeta y comprendiendo la importancia de preservar las semillas autóctonas para las futuras generaciones.

Cultivar nuestros propios alimentos

Creemos que hacemos lo mejor comprando frutas y verduras en los supermercados, pero no es así. Somos parte de una sociedad donde se prioriza el dinero a expensas de nuestra salud.

Los seres humanos necesitamos cuatro cosas esenciales para vivir: respirar, beber agua, comer y descansar. Nuestra calidad de vida depende de que lo que nos nutre sea saludable, pero el aire está contaminado, el agua contiene nitratos perjudiciales y nuestra comida está saturada de sustancias dañinas.

Frente a este problema, ha surgido la alternativa de los huertos caseros, donde podemos cultivar nuestros propios alimentos.

Por mi trabajo, visito muchos lugares donde se producen alimentos de manera industrial y prefiero evitar consumirlos. Me ha pasado que al probar un tomate hermoso, con colores brillantes y un aroma agradable, no he experimentado el verdadero sabor de un tomate, sino algo artificial, insípido y carente de nutrientes. Por eso, prefiero consumir lo que cultivo por mí mismo.

Si comes una fruta o verdura que no sabe a nada o tiene un sabor extraño, es probable que haya sido tratada con productos químicos. Ha perdido su esencia natural y no es beneficiosa para tu cuerpo. La diferencia entre estos productos es notable cuando comparas un ejemplar de huerto casero con el que compras en el supermercado.

Personalmente, he aprendido a valorar a los agricultores de antaño, que tenían un vínculo especial con sus cultivos y obtenían lo mejor de la tierra. Las generaciones actuales hemos perdido ese conocimiento ancestral y nos hemos alejado de la naturaleza. Creemos estar en la cúspide del progreso, pero en realidad hemos retrocedido y perdido buena parte de la sabiduría acumulada a lo largo de milenios.

Estamos a tiempo

Como te he expuesto en este capítulo, cada acción contraria a la naturaleza nos conduce a mayores problemas. Aunque no hemos alcanzado un punto sin retorno, nos estamos acercando peligrosamente. Sin embargo, todavía hay esperanza: podemos retroceder y corregir nuestros errores a tiempo.

Este libro tiene como objetivo ayudarte a reconectar con la naturaleza, porque vivir alejados de ella nos priva de las maravillas que el mundo tiene para ofrecernos.

Durante mis viajes, he observado que incluso en los lugares más pobres, la gente encuentra una felicidad genuina gracias a su conexión con lo natural. En contraste, en los países desarrollados, parecemos estar sumidos en la amargura y la tristeza. Necesitamos volver a nuestras raíces y tomar decisiones más acertadas. La solución está a nuestro alcance y no implica sacrificios, sino disfrute y bienestar.

Los huertos caseros son una de esas soluciones que ofrecen efectos sanadores, aportando salud, alegría y satisfacción porque cultivar tu propio huerto no solo te proporciona una mayor energía y una alimentación más saludable, sino que también te conecta con la tierra con una sensación de logro y bienestar.

Personalmente, estoy convencido de que mi huerto ha sido crucial para mi salud y felicidad, y deseo que tú también descubras sus beneficios.

Por eso, quiero invitarte a dar el primer paso. He preparado un breve test que te ayudará a conocer qué tan preparado estás para disfrutar de tu propio huerto y descubrir cuál es tu punto de partida en esta maravillosa aventura.

Accede al test a través del siguiente enlace:

https://esc.anea.me/rn_20

¡No te lo pierdas!

Con este libro, disfrutarás del proceso de crear, cuidar y mantener tu propio huerto en casa. Además, contarás con mi apoyo en todo lo que necesites para que esta experiencia sea enriquecedora y placentera. ¡Cultivar tu propio huerto puede transformar tu vida de maneras que aún no imaginas!

En el próximo capítulo, te mostraré cómo los huertos urbanos pueden beneficiar tu cuerpo, tu comunidad y tu satisfacción personal. ¡Estoy seguro de que te encantará lo que viene a continuación!

Nos vemos en la siguiente página.

Capítulo 2

BENEFICIOS DE UN HUERTO URBANO

"Si supiera que el mundo se acaba mañana, yo, hoy todavía, plantaría un árbol".
Martin Luther King

En un mundo tan tecnológico y acelerado, encontrar un oasis de calma y conexión con la naturaleza parece una utopía. Sin embargo, los huertos urbanos son una alternativa que embellece el entorno y revitaliza nuestro cuerpo y espíritu, aportándonos alimentos nutritivos y una experiencia liberadora.

Imagina el placer de caminar descalzo sobre la tierra, sentir la textura de las hojas bajo tus pies y percibir el aroma fresco de las plantas. Estos actos sencillos, pero significativos, te reconectan con la naturaleza y te ayudan a liberarte de la energía negativa acumulada.

La satisfacción personal que obtendrás al ver crecer las plantas que tú mismo has cultivado es inigualable. Cada fruto, cada flor, representará el éxito de tu esfuerzo y dedicación. Disponer de un huerto propio te permite disfrutar de los sabores de alimentos frescos, sabrosos y muy nutritivos. También puedes cultivar plantas medicinales que te proporcionarán herramientas naturales para cuidar tu salud.

Los huertos urbanos suponen una vuelta a nuestros orígenes alimentarios, aportándonos numerosos beneficios y reconectándonos con prácticas ancestrales de autosuficiencia y sostenibilidad.

Quizás pienses que es una tarea ardua y agotadora, pero hoy en día, gracias a los avances tecnológicos y a las técnicas de cultivo modernas, el trabajo en un huerto urbano es accesible y manejable para todos. No requiere grandes extensiones de tierra ni jornadas interminables de trabajo. Al contrario, es una actividad que podrás realizar en tu tiempo libre para transformar tu terraza, balcón, patio o parcela en un pequeño paraíso verde.

En este capítulo, te invito a explorar todas las ventajas de los huertos urbanos, desde sus beneficios terapéuticos hasta la satisfacción personal que proporcionan. Descubrirás cómo cultivar tu propio huerto puede transformar profundamente tu vida y tu conexión con el mundo que te rodea.

¿Qué es un huerto urbano?

Cuando te hablo de un huerto urbano, me refiero a un área de cultivo ubicada dentro del suelo urbano o urbanizable que, además de producir alimentos para el consumo propio, tiene una finalidad social, educativa, de ocio, ambiental y participativa. Podemos diferenciar 5 tipos de huertos urbanos:

- **Huerto Doméstico:** Puedes crear este tipo de huerto en cualquier rincón soleado de tu propio apartamento, balcón o patio. Con un poco de planificación, incluso los espacios más pequeños puedes transformarlos en un oasis verde donde cultivar hierbas y hortalizas, ya sea en vertical, en jardineras colgantes, en las ventanas, terrazas o tejados.

  También existen huertos domésticos en parcelas privadas gestionadas por la propia familia. Puede que residan en ellas o bien que aprovechen los fines de semana para desconectar de su día a día.

- **Huerto Escolar:** Localizados en las escuelas, estos huertos son espacios maravillosos donde jóvenes y niños aprenden sobre la naturaleza y el cultivo de plantas. Participan en todo el proceso, desde plantar las semillas hasta la cosecha, lo que les ayuda a desarrollar una conexión más profunda con el medioambiente y a mejorar sus hábitos alimenticios mientras disfrutan y socializan al aire libre.

- **Huerto Comunitario:** Son una excelente opción para quienes viven en la ciudad y desean cultivar sus propios alimentos. Estos espacios, a menudo ubicados en terrenos urbanos no utilizados o en parcelas particulares, son gestionados por los propios vecinos. Un ejemplo de ello son algunas localidades españolas como Las Palmas, Aravaca y Granada, donde hay huertos en los que producen alimentos frescos a la vez que fortalecen el sentido de comunidad al reunir a personas de todas las edades para compartir conocimientos y experiencias. Además, es una excelente forma para relacionarse y hacer nuevas amistades, especialmente entre personas de distintas culturas y edades.

  También existen ciertos huertos —que son de propiedad particular— en los que se ofrece la posibilidad de trabajar en ellos de forma comunitaria entre los vecinos de la zona.

- **Huerto Municipal:** Algunas ciudades apoyan activamente la creación de huertos para sus residentes. En Salamanca (España), por ejemplo, se ha creado un parque enorme con cientos de parcelas para cultivo, proporcionando un espacio verde y productivo en la ribera del río Tormes.

- **Huerto Terapéutico:** Diseñados para mejorar la salud de personas con problemas físicos o mentales, estos huertos se encuentran en residencias de ancianos, centros de inserción social, hospitales y otros centros sanitarios. Trabajar en el huerto tiene efectos terapéuticos significativos, ayudando a las personas a relajarse, recuperarse y mantenerse activas en un entorno natural y calmado.

Estos tipos de huertos urbanos permiten cultivar alimentos frescos y saludables, y enriquecen la vida al promover la comunidad, la educación ambiental y el bienestar personal.

10 Beneficios de trabajar en un huerto urbano

Más allá de la simple producción de alimentos, estos son los 10 principales beneficios de cultivar en un huerto urbano:

- **Mejora de la Salud Física:** Los huertos urbanos requieren la realización de un ejercicio moderado que mejora la fuerza, la flexibilidad y la resistencia cardiovascular. Actividades como cavar, plantar y regar mantienen nuestro cuerpo en movimiento sin necesidad de realizar un esfuerzo excesivo, dando como resultado una excelente manera de mantenernos activos y felices, especialmente para las personas mayores.

  Este enfoque en el ejercicio moderado es una característica esencial del estilo de vida en las llamadas "Zonas Azules", regiones del mundo donde la longevidad es notablemente alta. En estas áreas, como Okinawa en Japón y Cerdeña en Italia, la combinación de una dieta basada en plantas, una fuerte conexión social y la integración de la actividad física en la rutina diaria, contribuyen a una vida más larga y saludable. Los habitantes de estas zonas realizan tareas cotidianas similares a las de un huerto urbano, como trabajar en la tierra y cuidar jardines personales, lo que refuerza su sentido de propósito y bienestar.

- **Reducción del Estrés:** El vínculo con la naturaleza y el trabajo al aire libre genera un efecto calmante que reduce el estrés y la ansiedad. Un huerto urbano facilita la meditación y la relajación, permitiéndonos disfrutar de la belleza natural y fomentar la diversidad de plantas y colores.

  Esta experiencia tiene una estrecha conexión con el concepto de *earthing* o *grounding*, que sostiene que el contacto directo con la tierra nos ayuda a restablecer el equilibrio energético de nuestro cuerpo, disminuyendo el estrés y mejorando la salud.

  Además, en Japón, el *shinrin-yoku* o la terapia de "baños de bosque" promueve que pasar tiempo en la naturaleza, caminando por bosques y áreas verdes, mejora la salud mental. Al igual que el *shinrin-yoku*, trabajar en un huerto urbano contribuye a crear un ambiente de calma y equilibrio, proporcionándonos alivio tanto físico como psicológico.

- **Estimulación Mental:** Cuidar un huerto requiere planificación y resolución de problemas, manteniendo la mente activa y mejorando nuestra función cognitiva. Esta actividad nos permite alejarnos de la rutina moderna, dominada por la exposición a pantallas y dispositivos tecnológicos, y nos reconecta con el mundo natural.

- **Beneficios Sociales:** Trabajar en una huerta urbana fomenta la colaboración y fortalece las relaciones sociales, reduciendo la soledad, especialmente entre las personas mayores. La cooperación al compartir semillas y realizar tareas conjuntas crea un ambiente de comunidad sin intereses comerciales.

- **Alimentación Saludable:** Disponer de frutas y verduras frescas propicia una dieta más balanceada, favoreciendo nuestra nutrición y la salud en general. A su vez, cultivar y consumir nuestros propios alimentos nos proporciona una satisfacción única, recordándonos los sabores auténticos que disfrutábamos en nuestra infancia, cuando todo era más natural. Dado que los alimentos modernos han perdido más de la mitad de sus nutrientes desde los años 60, la calidad de los productos cultivados en casa representa una mejora significativa en la nutrición.

- **Sensación de Logro y Soberanía:** Observar el crecimiento de las plantas y cosechar los frutos del trabajo propio resulta muy gratificante, favorece la autoestima y el bienestar emocional.

Cada etapa del cultivo, desde la siembra hasta la recolección, te demuestra el fruto del esfuerzo y la dedicación, lo que incrementa la confianza en tus habilidades. Además, experimentas una cierta soberanía, al sentirte autosuficiente, independiente y seguro, porque sabes cómo cultivar los alimentos que consumes.

- **Mejora del Sueño:** La actividad física y el aire fresco asociados con el trabajo en el huerto contribuyen a un mejor sueño. Al liberar energías negativas y reducir la ansiedad, disfrutamos de un sueño más reparador.

- **Propósito y Significado**: Cultivar nuestros propios alimentos proporciona un sentido de propósito y significado en la vida para todos, desde niños a personas mayores. El cuidado de las plantas y la contribución a la comunidad fomentan el sentimiento de utilidad y conexión con los demás.

- **Vínculo con la Naturaleza:** La conexión con el entorno natural mejora nuestro estado de ánimo y calidad de vida, ofreciéndonos un vínculo de paz y sanación que contrarresta el individualismo y la soledad tan presentes en la sociedad moderna. Te conecta con el clima, las estaciones, el ciclo de la vida.

- **Educación Continua:** Trabajar en un huerto proporciona un aprendizaje constante sobre plantas, técnicas de cultivo y sostenibilidad. Este conocimiento mantiene la mente activa y nos conecta con el poder curativo de la naturaleza y el reino de las plantas, el más voluminoso y significativo del planeta.

10 Beneficios de Trabajar en un Huerto Urbano

1. **Mejora de la Salud Física** porque proporciona un ejercicio moderado
2. **Reducción del Estrés** gracias a la conexión con la naturaleza y el trabajo al aire libre
3. **Estimulación Mental** porque mantiene la mente activa y mejora la función cognitiva
4. **Beneficios Sociales** ya que fomenta la colaboración y fortalece las relaciones sociales
5. **Alimentación Saludable** porque proporciona frutas y verduras frescas y más nutritivas
6. **Sensación de Logro** al obtener los frutos del propio esfuerzo
7. **Mejora del Sueño** al reducir la ansiedad y liberar energías negativas
8. **Propósito y Significado** porque proporciona un sentido de propósito y utilidad
9. **Vínculo con la Naturaleza** porque te conecta con la tierra
10. **Educación Continua** porque es un aprendizaje constante sobre plantas, técnicas de cultivo y sostenibilidad

En definitiva, trabajar en un huerto urbano enriquece nuestra salud física y mental, mejora las relaciones sociales y nos proporciona un profundo sentido de satisfacción y propósito. Nos conecta con la naturaleza de una manera poco común en la vida urbana moderna, permitiéndonos redescubrir su belleza y tranquilidad. Además, fomenta la sostenibilidad y la autosuficiencia, ofreciendo soluciones simples y efectivas a muchos desafíos contemporáneos.

Ventajas de cultivar plantas medicinales

Uno de los beneficios de los huertos urbanos en el que me gustaría profundizar por su importancia es la posibilidad de cultivar plantas medicinales.

Su conocimiento está profundamente arraigado en la sabiduría ancestral, cuando las personas comprendían bien las propiedades de las plantas y sus beneficios.

Imagina disponer de remedios naturales en tu huerta, listos para ayudarte con una gran variedad de dolencias comunes. Al sembrar plantas como la manzanilla, la menta y la caléndula, podrás preparar tés, pomadas y otros tratamientos caseros que alivian problemas digestivos, inflamaciones y malestares cotidianos.

Las plantas medicinales requieren un mantenimiento mínimo y proporcionan una fuente continua de remedios, reduciendo la necesidad de adquirir medicamentos y costosos suplementos.

Mi experiencia personal me ha mostrado que, a menudo, los riesgos de los fármacos superan sus beneficios. Sin embargo, cultivar y consumir plantas como el Tulsi, una hierba sagrada de la India que refuerza el sistema inmunológico, me ha permitido experimentar un verdadero bienestar sin efectos adversos. A pesar del paso del tiempo, gracias a la medicina natural, mi energía y salud no han disminuido.

El cultivo de plantas medicinales también ofrece la valiosa oportunidad de aprender sobre botánica y herbolaria. Este aprendizaje enriquece a nivel personal y puede ser compartido con otros, promoviendo una mayor conciencia sobre las ventajas de esta práctica.

La autosuficiencia y la sostenibilidad constituyen otro beneficio significativo de cultivar nuestras propias plantas medicinales. Al reducir la dependencia de productos comerciales, contribuimos a un estilo de vida más ecológico y sostenible, minimizando el impacto ambiental asociado con la producción y el transporte de medicamentos industriales. ¡Podemos vivir de manera más consciente y en armonía con el entorno natural!

En resumen, sembrar tus propias plantas medicinales contribuirá a mejorar tu salud y te conectará con un estilo de vida más auténtico y en armonía con la naturaleza.

A continuación, me gustaría compartir contigo 10 plantas muy fáciles de cultivar que deberías tener en cuenta por sus maravillosas propiedades:

- **Aloe Vera:** Esta planta suculenta perenne (es decir, que puede vivir muchos años) prefiere suelos bien drenados y abundante luz solar. Su gel se utiliza para tratar quemaduras, cortes e irritaciones de la piel, además de funcionar como un excelente hidratante natural. Cultivar aloe vera en casa te permitirá obtener el gel directamente de la planta, lo cual resulta más beneficioso que utilizar productos procesados industrialmente.

- **Manzanilla (*Matricaria chamomilla*):** Ampliamente utilizada en infusiones para aliviar el estrés, la ansiedad y problemas digestivos, la manzanilla también posee propiedades antiinflamatorias. Existen diversas variedades, siendo la Chamomilla la más común. Esta planta anual (es decir, que completa su ciclo de vida en un solo año o menos) se cultiva fácilmente en climas templados y proporciona un remedio natural accesible para el uso diario.

- **Lavanda (*Lavandula angustifolia*):** Conocida por su uso en aceites esenciales que promueven la relajación y mejoran el sueño, la lavanda también ayuda a aliviar dolores de cabeza y quemaduras leves. Esta planta perenne necesita mucha luz solar y un suelo bien drenado. Cultivarla en casa embellecerá tu jardín y te proporcionará una fuente constante de alivio natural.

- **Menta (*Mentha sp.*):** Planta perenne utilizada en infusiones para aliviar problemas digestivos, dolores de cabeza y síntomas del resfriado. Es refrescante y fácil de cultivar, aunque puede ser invasora y expandirse rápidamente, por lo que es recomendable plantarla en un área controlada. Cultivarla en casa garantiza su frescura y potencia.

- **Caléndula (*Calendula officinalis*):** Planta anual valorada por sus propiedades antiinflamatorias y antibacterianas. Es útil para tratar cortes, quemaduras y erupciones cutáneas. Se cultiva fácilmente en climas cálidos y florece principalmente en primavera o verano.

- **Romero (*Rosmarinus officinalis*):** Planta perenne que mejora la memoria y la concentración. Posee propiedades antioxidantes y antiinflamatorias. Se utiliza tanto en la cocina como en aceites esenciales. Necesita mucha luz solar y un suelo bien drenado para crecer adecuadamente.

Para extraer sus aceites esenciales, se utiliza un alambique, aparato que destila líquidos mediante evaporación por calentamiento y posterior condensación por enfriamiento.

- **Tomillo (*Thymus vulgaris*):** Conocido por sus propiedades antimicrobianas, se utiliza para tratar infecciones respiratorias y digestivas. Además, es un condimento popular en la cocina mediterránea. Esta planta perenne requiere un suelo bien drenado y mucha luz solar, siendo fácil de cultivar en huertos caseros.

- **Salvia (*Salvia officinalis*):** Utilizada para mejorar la digestión, aliviar dolores de garganta y reducir la inflamación gracias a sus propiedades antimicrobianas. Esta planta perenne necesita sol y también un suelo bien drenado.

- **Orégano (*Origanum vulgare*):** Posee propiedades antimicrobianas y antioxidantes, y se usa para tratar infecciones respiratorias y digestivas. También es un condimento muy popular en la cocina. Esta planta perenne se cultiva fácilmente en suelos bien drenados y con mucho sol.

- **Albahaca (*Ocimum basilicum*):** Ayuda a reducir el estrés, mejora la digestión y posee propiedades antiinflamatorias y antimicrobianas. Es un condimento muy utilizado que también sirve para repeler insectos como mosquitos y moscas. Esta planta anual requiere sol y riego regular.

10 Plantas medicinales comunes de fácil cultivo en huertos urbanos

1. **Aloe Vera:** Quemaduras, cortes, irritaciones de la piel e hidratante natural

2. **Manzanilla:** Estrés, ansiedad, problemas digestivos e antiinflamatorios

3. **Lavanda:** Relajación y mejora del sueño. También dolores de cabeza y quemaduras leves

4. **Menta:** Problemas digestivos, dolores de cabeza y síntomas del resfriado

5. **Caléndula:** Antiinflamatoria y antibacteriana, útil para tratar cortes, quemaduras y erupciones cutáneas

6. **Romero:** Mejora la memoria y la concentración. Propiedades antioxidantes y antiinflamatorias

7. **Tomillo:** Antimicrobiano. Infecciones respiratorias y digestivas. También como condimento

8. **Salvia:** Digestión, dolores de garganta e inflamación. Antimicrobiana

9. **Orégano:** Antimicrobiano y antioxidante. Infecciones respiratorias y digestivas. También como condimento

10. **Albahaca:** Estrés, digestión, antiinflamatoria y antimicrobiana. También como condimento

Existen plantas medicinales menos conocidas que pueden ser cultivadas en distintos países con una climatología suave o moderada y que ofrecen valiosos beneficios.

Entre las especies más destacadas se encuentra el **Tulsi** (***Ocimum tenuiflorum o Ocimum sanctum***) o albahaca sagrada, originaria de la India y Tailandia. Esta planta es adaptógena, puesto que regula el sistema metabólico incrementando la capacidad de adaptación del organismo a los diferentes factores ambientales. También regula el sistema inmunológico y se adapta muy bien a esta climatología, lo que hace que su cultivo sea gratificante y fácil de mantener.

La **Bacopa o Brahmi** ***(Bacopa monnieri)***, también proveniente de la India, es una auténtica aliada para el cerebro. Sus propiedades antiinflamatorias y su capacidad para mejorar la memoria y prevenir enfermedades cerebrales la hacen indispensable.

Otra planta fascinante es el **Shiso** ***(Perilla frutescens)***, originaria de Japón. Además de embellecer los jardines, es ideal para combatir alergias y problemas respiratorios.

La **Rehmannia** ***(Rehmannia glutinosa)*** y el **Astragalus** ***(Astragalus membranaceus)***, ambas con raíces en la medicina tradicional china, son excelentes para la salud renal. La Rehmannia se adapta particularmente bien al clima mediterráneo o suave, y cuando se combina con el Astragalus, sus beneficios se potencian, proporcionando un cuidado integral para los riñones.

La **Ashwagandha** ***(Withania somnifera)*** es una planta notable para el manejo del estrés y la mejora del descanso. Cultivarla en casa significa tener a tu disposición un remedio natural para relajarte y dormir mejor, lo que resulta muy valioso en estos tiempos en que la vida es tan acelerada. También es un buen adaptógeno.

La **Moringa** ***(Moringa oleifera)***, a menudo denominada "árbol de la vida", es otra planta con múltiples beneficios. Originaria de las regiones tropicales y subtropicales, es conocida por sus propiedades nutritivas excepcionales. Sus hojas son ricas en vitaminas, minerales y antioxidantes, y se utilizan para fortalecer el sistema inmunológico, mejorar la digestión y combatir la inflamación.

Por otra parte, la **Stevia** ***(Stevia rebaudiana)*** es una planta originaria de Paraguay y Brasil, famosa por sus hojas dulces, que pueden utilizarse como alternativa natural al azúcar. Es ideal para quienes buscan reducir su consumo de azúcares. Además, posee propiedades beneficiosas para la regulación de los niveles de azúcar en sangre y la salud dental.

La **Flor de Jamaica o Karkadé** ***(Hibiscus sabdariffa)*** es valorada tanto por sus propiedades medicinales como por su uso culinario. Sus flores son ricas en antioxidantes y vitamina C, y se utilizan para preparar infusiones que ayudan a regular la presión arterial y mejorar la salud cardiovascular. Además, la Flor de Jamaica añade un color vibrante y un sabor refrescante a diversas preparaciones.

Finalmente, la **Quirquiña** ***(Porophyllum ruderale)***, originaria de Bolivia, Ecuador y Perú, es un recurso excelente para la salud del hígado y el sistema respiratorio. Incorporar esta planta en tu huerto te conectará con las prácticas medicinales de los Andes.

10 Plantas medicinales menos conocidas

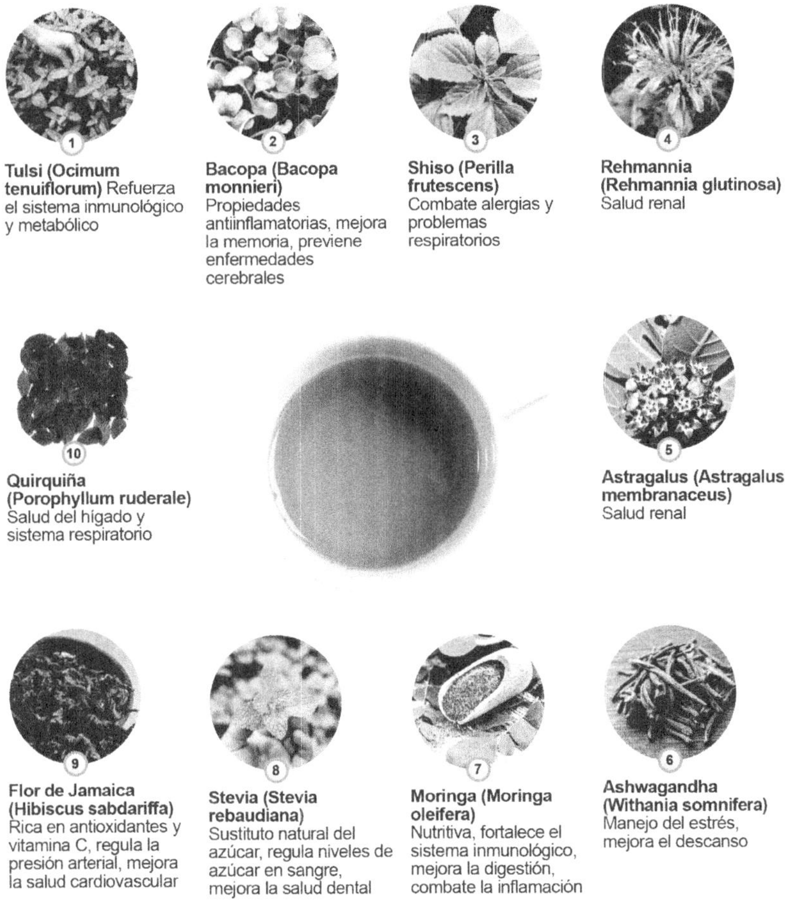

Estas plantas aportarán a tu huerta vida y diversidad. Es una maravillosa forma de honrar las tradiciones de diferentes culturas mientras cuidas de tu bienestar.

Cócteles de Vida

Como el conocimiento debe ser compartido, quiero revelarte algunas recetas extraordinarias que mejorarán significativamente tu calidad de vida. Estos cócteles están diseñados para optimizar tu salud utilizando plantas medicinales.

Cóctel Matutino para la Salud

Este cóctel está especialmente formulado para proporcionarte un impulso de vitalidad y energía al inicio del día.

Ingredientes:

- Tulsi
- Shiso
- Quirquiña
- Moringa
- Rehmannia
- Stevia

Preparación:

1. Calienta agua en una olla.

2. Añade todas las plantas al agua caliente.

3. Deja reposar la mezcla durante 10 minutos para que el agua absorba todas las propiedades de las plantas.

4. Cuela la infusión y guárdala en un bote de cristal.

Puedes añadir miel si prefieres un sabor más dulce, aunque la Stevia ya proporciona suficiente dulzura. Esta bebida te ayudará a regenerar tu cuerpo y mejorar tu estado general de salud. Es importante recordar que cada órgano del cuerpo tarda hasta un año en regenerarse completamente, por lo que consumir esta infusión de manera continua contribuirá a mejorar tu bienestar a largo plazo.

Adicionalmente, puedes incorporar un poco de Bacopa en polvo en tu tostada del desayuno o en un vaso de agua. Aunque su sabor es amargo, sus propiedades son muy beneficiosas. Consúmela de la forma que te resulte más conveniente para aprovechar sus efectos positivos.

Bebidas Reparadoras para la Noche

Al finalizar el día, te propongo dos bebidas relajantes que te ayudarán a descansar mejor y a reducir el estrés:

La **Ashwagandha:** También conocida como ginseng indio o cereza de invierno, esta hierba medicinal ocupa un lugar destacado en la medicina tradicional india. Para prepararla, muele la raíz hasta obtener un polvo (puedes utilizar una Thermomix). Añade una cucharada de este polvo a un vaso de agua, remueve bien y bébelo. No es necesario hervir la mezcla; se consume fría

Cóctel Reparador de noche:

ASHWAGANDHA:

También conocida como Withania somnífera, ginsen indio o cereza de invierno, es una hierba medicinal increíblemente antigua y de gran importancia en los sistemas médicos ayurvédicos indígenas. Se trata de un pequeño arbusto leñoso que crece en África, el Mediterráneo y la India.

Los ensayos clínicos en humanos y animales apoyan el uso de Ashwaganda para la ansiedad, los trastornos cognitivos y neurológicos, la inflamación y la enfermedad de Parkinson. También se utiliza terapéuticamente como un adaptógeno para pacientes con agotamiento nervioso, insomnio y debilidad debido al estrés, y como estimulante inmunológico en pacientes con recuentos bajos de glóbulos blancos.

Muchos de sus beneficios para la salud se atribuyen a su alta concentración de withanolides, que han demostrado combatir la inflamación.

Lo compras en polvo o trituras las raices con thermomix y se puede tomar tibio.

KARKADÉ:

Es muy relajante para la noche, conocida como agua de Jamica, hibisco o carcade, es la flor por excelencia en las zonas de clima tropical y subtropical. Se puede tomar fría o caliente y su uso está muy extendido como refresco y como medicina en países como México o Egipto, donde se considera una de las bebidas más populares y se utiliza para dar la bienvenida a los visitantes.

La infusión obtenida de sus pétalos secos, es de color rojo y tiene un sabor levemente ácido. Además de contener propiedades muy saludables, es una bebida muy refrescante, buena para la digestión y un excelente regulador de la secreción biliar.

Deliciosa en verano, fresquita e ideal para los niños como sustituto de los refrescos comerciales. Perfecta con miel, a cualquier hora del día. Puedes añadirle canela, cáscara de limón o naranja, fruta fresca como uvas o kiwi, y todo lo que se te ocurra hasta conseguir el sabor que más te guste.

y su sabor es bastante agradable. La Ashwagandha es ideal para combatir adicciones, reducir la ansiedad y mejorar los trastornos cognitivos y neurológicos. Se recomienda tomarla un tiempo antes de dormir para facilitar la relajación y optimizar la calidad del descanso.

El Karkadé: También conocida como agua de Jamaica, es una infusión elaborada con flores de hibisco, una planta de la familia de las malváceas originaria del África tropical. Esta infusión puede consumirse tanto fría como caliente. En Egipto, se utiliza tradicionalmente para dar la bienvenida a los visitantes. La infusión de los pétalos secos presenta un color rojo vibrante y un sabor levemente ácido. Además de ser refrescante, el karkadé es beneficioso para la digestión y ayuda a regular la secreción biliar. Puedes endulzarlo con miel y agregarle canela, cáscara de limón o de naranja, e incluso frutas frescas como uvas o kiwi para ajustar el sabor a tu gusto. Esta alternativa es perfecta para el verano, mucho mejor que los dañinos refrescos comerciales.

Deléitate con estas bebidas naturales y experimenta cómo tu cuerpo y mente se benefician de sus propiedades reparadoras.

Disfrutando de los Sabores Auténticos

La huerta urbana resulta una ventana hacia el auténtico placer de los sabores naturales, permitiéndonos cultivar nuestras propias frutas y verduras de manera sostenible y respetuosa con el medioambiente.

A menudo, las semillas de los productos que encontramos en los supermercados se eligen por su rendimiento en lugar de por su sabor, lo que resulta en alimentos menos sabrosos y con menor valor nutritivo. Sin embargo, nuestro propio huerto nos brinda la oportunidad de consumir plantas nutritivas y medicinales de forma natural y saludable.

Otro aspecto importante es que las plantas tienen el potencial de abordar los problemas de salud desde su origen o raíz, mejorando nuestro bienestar de manera integral. Esto contrasta con muchos medicamentos farmacéuticos, que solo alivian síntomas temporales sin ofrecer una solución real. Y es que la mayoría de las compañías farmacéuticas diseñan sus productos para asegurar clientes recurrentes en lugar de resolver sus padecimientos de manera definitiva.

Las plantas medicinales son un tesoro que, al integrarse en nuestra dieta desde una edad temprana, ayudan a prevenir enfermedades, prolongar la vida y mejorar significativamente su calidad. Este enfoque beneficia nuestra salud física y fomenta nuestro crecimiento personal y espiritual, al reconectarnos con la naturaleza y su sabiduría ancestral.

Espero que este capítulo te haya inspirado a valorar la importancia de los huertos urbanos, reconociendo su impacto en el bienestar de tu cuerpo y mente. En el próximo, abordaremos uno de los pilares fundamentales del cultivo: el suelo. A pesar de su aparente simplicidad, el suelo es un sistema muy complejo, pero te lo explicaré detalladamente para que puedas comenzar a construir tu huerto y obtener los resultados deseados de la forma más fácil posible.

Te invito a seguirme acompañando en este emocionante y gratificante viaje hacia la autosuficiencia alimentaria y la salud natural.

Capítulo 3

EL SUELO, UN PILAR FUNDAMENTAL PARA LOS CULTIVOS

"Olvidar cómo excavar la tierra y cuidar el suelo es olvidarnos de nosotros mismos".
Mahatma Gandhi

Aunque a primera vista parezca un elemento inerte, el suelo es un ecosistema dinámico lleno de vida, habitado por organismos microscópicos y de mayor tamaño, fundamentales para el desarrollo de los cultivos. ¡Hay más seres vivos en una cucharada de suelo que personas en la Tierra!

Sin un suelo adecuado, tu huerto no prosperará, ya que proporciona los nutrientes, el agua, el oxígeno y el soporte necesario para las raíces de las plantas.

En este capítulo, te hablaré sobre su importancia y cómo tratarlo correctamente. Abordaré los diversos tipos que existen, según su textura y naturaleza química, la vida microbiana que albergan y algunas prácticas agronómicas para mejorar su calidad.

Preservar la salud del suelo es crucial para lograr una mayor productividad en tus cultivos y contribuir a tu bienestar y al del medioambiente.

3 Pilares básicos para el desarrollo de las plantas

En el desarrollo de las plantas intervienen 3 pilares básicos: el agua, los factores ambientales y el suelo. Cada uno de estos componentes juega un papel esencial en el crecimiento y la productividad de los cultivos, interactuando de manera compleja y dinámica para crear un entorno propicio para la vida vegetal.

- **Aire:** Las plantas, al igual que cualquier otro ser vivo, necesitan oxígeno para sobrevivir, pero lo extraen de forma distinta a los animales, puesto que no disponen de un sistema respiratorio. Aquí debemos diferenciar dos partes: las raíces y el resto de la planta que crece en el exterior del suelo. Cada una de estas partes se autoabastece de forma distinta del oxígeno necesario. La parte aérea (la que vemos por encima del suelo), no tiene ninguna limitación en cuanto al acceso al oxígeno, en cambio, la parte subterránea, tan solo puede extraerlo a través de las raíces (excepto algunas adaptaciones como el arroz).

  Ahí, la cantidad de oxígeno presente es mucho menor que en el aire y está condicionado a la cantidad de agua existente y a la textura del suelo.

  Por ejemplo, si un suelo es demasiado compacto o inundado, le será muy difícil desarrollarse.

- **Agua:** Actúa como un solvente para los nutrientes del suelo, permitiendo que las raíces los absorban y transporten a través de la planta. Además, es imprescindible para la fotosíntesis, el proceso mediante el cual las plantas convierten la luz solar en energía química y para que estas regulen su propia temperatura.

- **Suelo:** La estructura del suelo y su capacidad para retener agua y nutrientes es clave para que las plantas vivan y prosperen. A lo largo de este capítulo, conocerás las ventajas y desafíos de los diferentes tipos de suelos, ya que cada uno requiere un manejo específico para aprovechar al máximo su potencial.

- **Factores Ambientales:** Elementos como la temperatura, la luz solar, la humedad relativa y el viento, tienen un gran impacto en la producción agrícola. La temperatura influye en la tasa de crecimiento y el desarrollo de las especies botánicas, y la luz solar es la fuente de energía principal para la fotosíntesis. Por otro lado, la humedad relativa del aire afecta la transpiración y la absorción de agua por las plantas, mientras que el viento contribuye a la polinización y la dispersión de semillas.

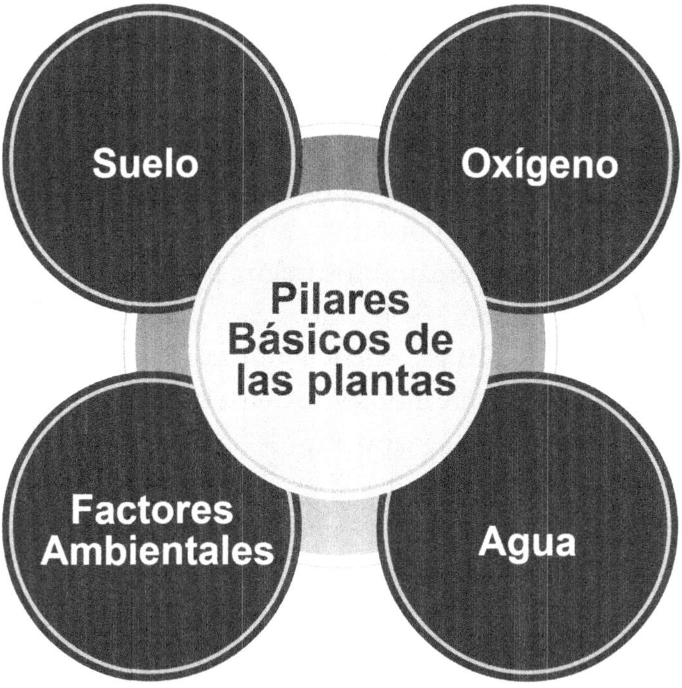

Para lograr una práctica agrícola eficiente, deberás tener en cuenta estos pilares y su interrelación; de esta forma, al gestionarlos de manera integrada, garantizarás el desarrollo de tus cultivos y contribuirás a un medioambiente más sostenible.

El mundo oculto en el suelo

En estas páginas me referiré al suelo, esa vital capa bajo nuestros pies que resulta una compleja mezcla de minerales, materia orgánica, diminutos organismos vegetales y animales, aire y agua. Este ecosistema se ha formado a lo largo de los siglos, producto de la desintegración de las rocas superficiales gracias a la acción del agua, de las propias plantas y otros organismos (líquenes, etc.), de los cambios de temperatura y el viento. En él, las plantas y animales que crecen y mueren son descompuestos por microorganismos, transformándose en materia orgánica rica en nutrientes.

Alrededor de las raíces se encuentra una zona llamada rizosfera, donde existe una alta concentración de microorganismos. Allí, las lombrices y otros organismos fragmentan la materia orgánica, mientras que hongos y bacterias la descomponen y liberan nutrientes que las plantas pueden utilizar. A su vez, ayudan a desintegrar las rocas, creando poros en el suelo que facilitan la entrada de aire, el almacenamiento de agua y el crecimiento de las raíces. A cambio, las plantas liberan azúcares y otras sustancias que alimentan a estas bacterias, generando una relación simbiótica vital para ambas partes.

Aunque la mayoría de estas formas de vida son invisibles a simple vista, una hectárea de suelo fértil alberga más de 300 millones de pequeños invertebrados, mientras que una cucharada de tierra puede contener millones de bacterias y cientos de miles de células de levaduras y hongos.

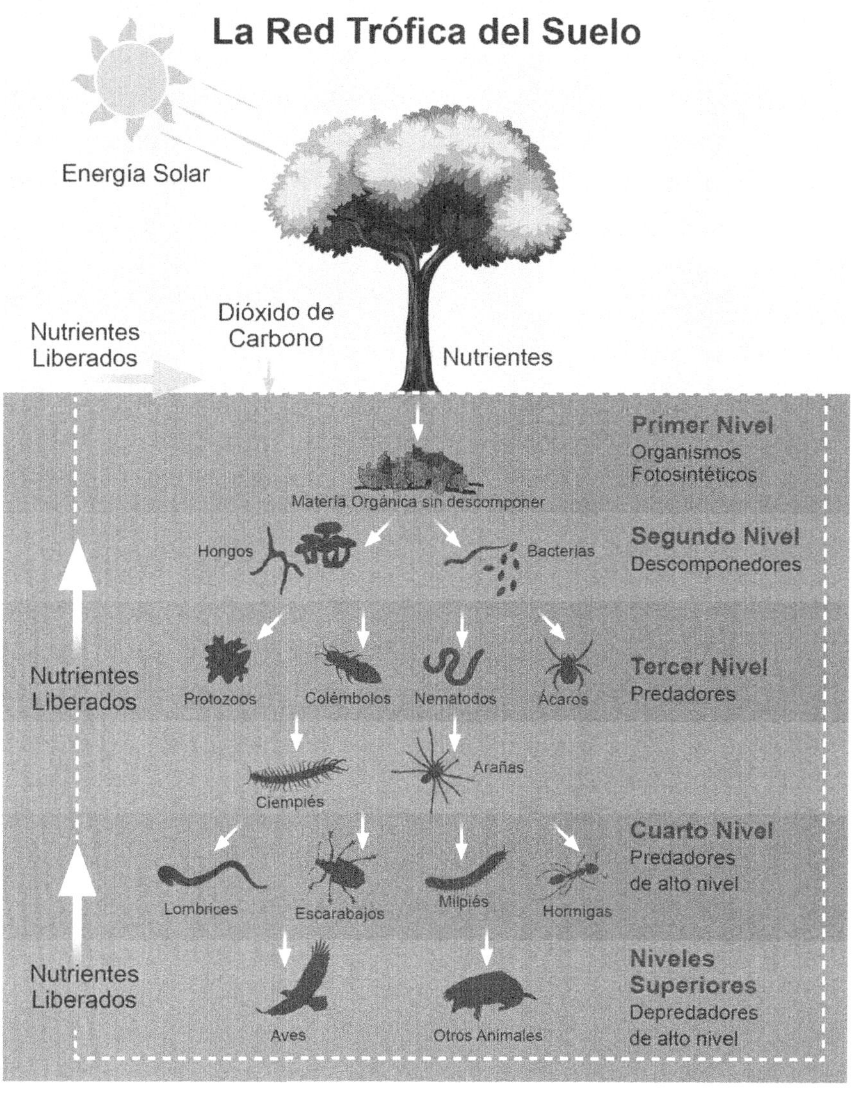

Vida microbiana/intestino humano

La parte microbiana del suelo puede compararse con el intestino humano. Al investigar la microbiota en nuestro tracto intestinal, es evidente que las bacterias son esenciales para la absorción de numerosos elementos. Estos diminutos organismos colaboran en la descomposición de carbohidratos, proteínas y azúcares en nutrientes útiles, y en la transformación de la fibra en el colon. Se ha demostrado que tanto el exceso como la deficiencia de ciertas bacterias tienen una fuerte correlación con la aparición de diabetes.

Cuando nuestro microbioma intestinal se encuentra equilibrado, las bacterias generan diversas moléculas y metabolitos beneficiosos para el organismo, como la vitamina K y la B12. También produce ácido fólico, que promueve la formación de nuevas células, como las de la piel, el cabello y las uñas.

Por esta razón, es fundamental mantener una flora microbiana diversa y saludable. De la misma forma, podemos asemejar la diversidad bacteriana presente en un suelo orgánico a la de un intestino humano; debe estar equilibrado para que se encuentre en óptimas condiciones.

Diferentes tipos de suelo según su textura

Cada tipo de suelo presenta una combinación de partículas de arena, limo y arcilla, y su clasificación se basa en el porcentaje de cada uno de estos componentes. Cada uno presenta características específicas que influyen en la retención de agua y nutrientes, y requieren un manejo diferenciado para el cultivo de plantas:

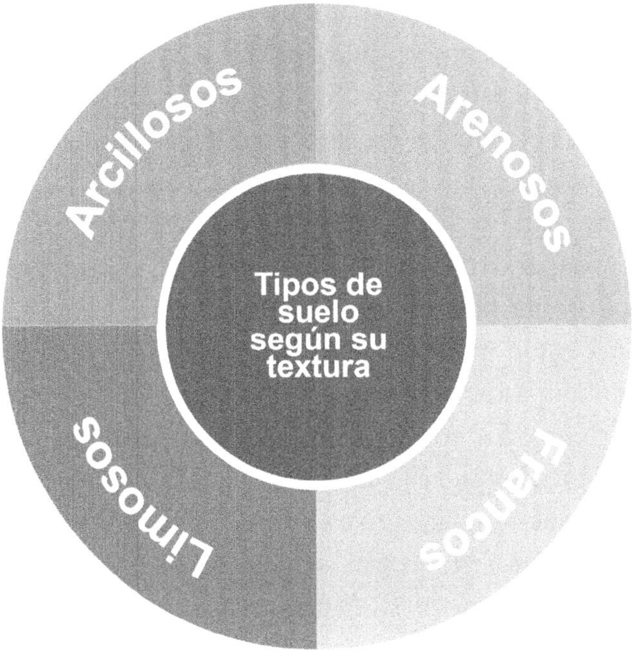

- **Suelos Arcillosos:** Están compuestos por partículas muy finas, con diámetros menores a 0.002 milímetros, que tienden a compactarse con facilidad. La alta capacidad de retención de agua de estos suelos puede llevar a una saturación y a una deficiencia de oxígeno en las raíces, provocando que se desarrollen de manera superficial. Por lo tanto, para gestionarlos correctamente es necesario aplicar un riego abundante pero espaciado, permitiendo que la tierra recupere su capacidad de aireación. Dado que la arcilla es la partícula más pequeña y presenta una textura pegajosa, es ideal para la fabricación de materiales como cántaros y ladrillos.

- **Suelos Arenosos:** Compuestos por partículas grandes, con diámetros que varían de 0.05 a 2 milímetros, los suelos arenosos presentan una textura áspera y suelta. Esto permite un excelente drenaje, pero también significa que el agua no se retiene de manera eficaz. En consecuencia, estos suelos requieren riegos más frecuentes y bien distribuidos para asegurar que las plantas reciban la humedad necesaria. Por ejemplo, en términos generales, durante el verano se necesitan alrededor de 7 u 8 litros de agua por metro cuadrado al día, y es recomendable dividir esta cantidad en dos riegos. En comparación, el suelo arcilloso, que retiene más agua, requeriría el doble de esa cantidad por riego, alternando un día. Una ventaja de los suelos arenosos es que promueven un crecimiento de raíces más profundo y rápido debido a su buena aireación, lo que acelera el desarrollo de las plantas.

- **Suelos Limosos:** Con partículas de tamaño intermedio, que van de 0.002 a 0.05 milímetros, los suelos limosos tienen una textura suave o harinosa, proporcionando un equilibrio entre la retención de agua y el drenaje. Estos terrenos permiten un riego moderado, ya que retienen más agua que los arenosos pero menos que los arcillosos. Son adecuados para una amplia variedad de cultivos.

- **Suelos Francos:** Estos suelos presentan un equilibrio perfecto entre arena, limo y arcilla y combinan todas las propiedades de manera óptima, dando como resultado una tierra excelente para la agricultura.

El triángulo de textura es una herramienta que se utiliza para determinar la clase de cada muestra de suelo, de acuerdo con los porcentajes específicos de arena, limo o arcilla. Las líneas trazadas en este triángulo (paralelas a los lados), fijan los límites porcentuales de cada componente (arcilla, limo y arena). Por ejemplo, si un suelo contiene 60 % de arena, 30 % de limo y 10 % de arcilla, corresponde a una textura franco-arenosa. Puedes ver una representación de este triángulo de textura en el libro físico o en el ebook.

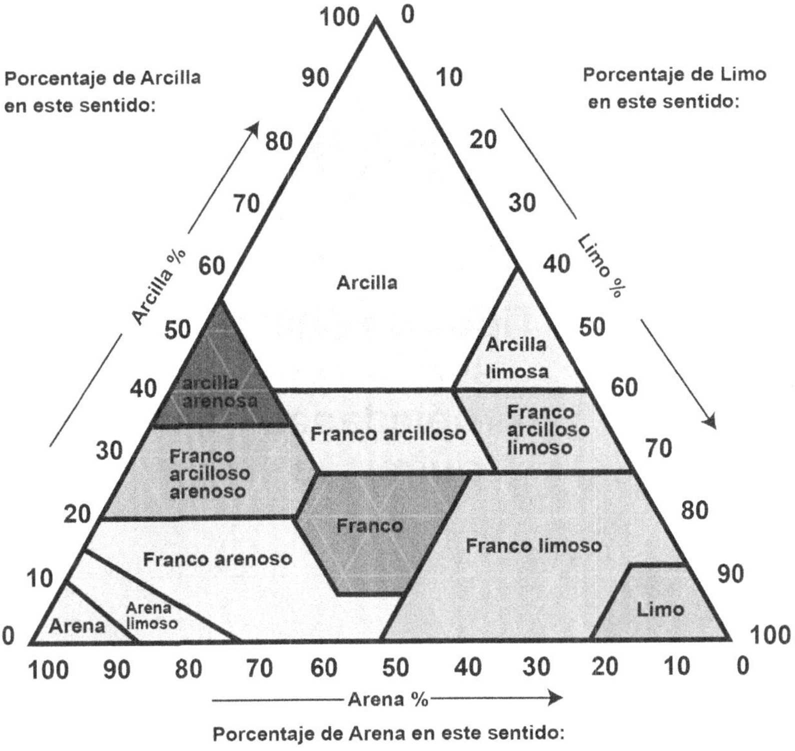

Diferentes tipos de suelo según sus propiedades químicas

De acuerdo con su naturaleza química, los suelos se diferencian en ácidos, neutros y alcalinos, lo cual se determina por su grado de acidez, medido mediante el pH (potencial de hidrógeno). El pH se evalúa en una escala que va de 0 a 14, siendo 7 el valor neutro. Los valores por debajo de 7 indican más acidez, mientras que los valores superiores señalan más alcalinidad. Cada tipo posee características específicas que influyen en su fertilidad y requieren una atención particular:

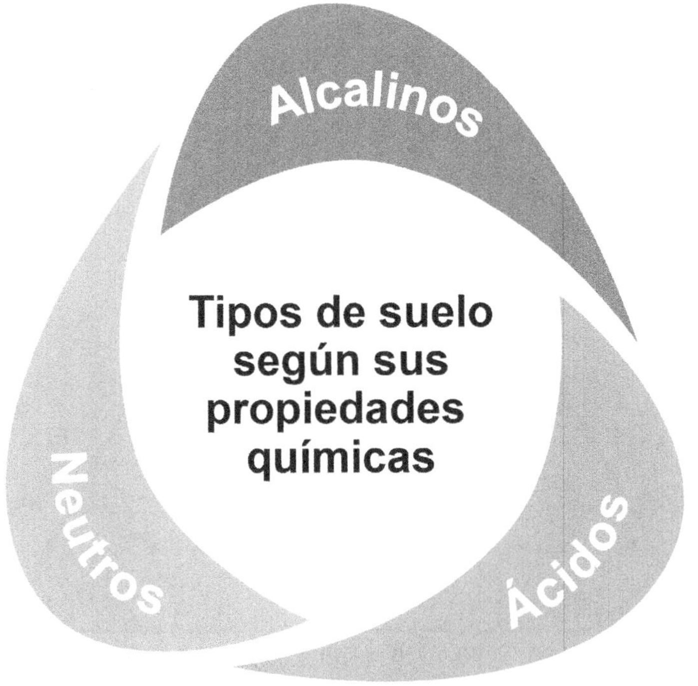

- **Suelos Ácidos:** Estos suelos presentan una mayor concentración de elementos químicos ácidos, por lo que puede ser necesario aplicar tratamientos para equilibrar el pH y mejorar la disponibilidad de algunos nutrientes para las plantas. No obstante esto, existen algunos cultivos que requieren de una cierta acidez en el suelo para su correcto desarrollo.

- **Suelos Neutros:** Con un equilibrio adecuado entre los elementos químicos primarios y secundarios, como boro, zinc, hierro, etc., los suelos neutros son ideales para una amplia gama de cultivos.

- **Suelos Alcalinos:** Son ricos en minerales como calcio y magnesio, y se forman principalmente en regiones que alguna vez fueron antiguos lechos marinos. En estas condiciones, algunos nutrientes se vuelven menos accesibles para las plantas; sin embargo, estas tierras proporcionan un entorno fértil y la gran mayoría de las especies botánicas se han adaptado bien a esta situación.

Así, en función del cultivo que desees realizar, necesitarás tener en cuenta qué tipo de suelo es necesario. Además, debes tener en cuenta que un suelo alcalino no se puede acidificar; por el contrario, un suelo ácido sí puede alcalinizarse. Por este motivo, si tu suelo es alcalino, cultivos como el jengibre y la cúrcuma, no podrás cultivarlos en él, tendrás que hacerlo en macetas con un sustrato adecuado.

Una correcta gestión del suelo, considerando su naturaleza química, es fundamental para aumentar su productividad y asegurar el éxito en la agricultura. El equilibrio entre los nutrientes y la capacidad del terreno para retener y liberar estos elementos influye de manera directa en el crecimiento y desarrollo de las plantas.

¿Cómo medir el pH del suelo?

El rango ideal para la mayoría de los cultivos es un pH entre 6,5 y 7,5.

Para medir el pH del suelo, puedes utilizar kits de prueba, que son muy fáciles de usar y proporcionan resultados rápidos; medidores digitales, que ofrecen mayor precisión; o enviar muestras del suelo a un laboratorio especializado para obtener un análisis más detallado.

Es conveniente realizar mediciones del pH después de llevar a cabo cualquier modificación en el terreno, para asegurarte de que estás en el camino correcto y ajustar las dosis si es necesario. Los cambios en el pH no son inmediatos, por lo que deberás tener paciencia y evitar excederte en la aplicación de productos para prevenir desequilibrios nutricionales.

Aunque es importante que conozcas el pH de tu suelo para poder corregir cualquier deficiencia, **la gran mayoría de los cultivos soportan bien diferentes pH.**

Mi experiencia en el tratamiento de diferentes tipos de suelo

Durante mis años de trabajo en diversas regiones, he aprendido cómo los distintos tipos de suelos y su manejo influyen en el crecimiento de las plantas. A continuación, compartiré algunas de estas experiencias para que conozcas los diferentes retos que enfrentan los cultivos y las técnicas más efectivas para abordarlos.

El suelo arcilloso de Ambrosio

Un riego adecuado es esencial para mantener el buen estado del suelo. Recuerdo una ocasión en la que trabajé en una finca en España, propiedad de un agricultor llamado Ambrosio, cuyas tierras eran muy arcillosas. Sin embargo, solía regar sus cultivos con demasiada frecuencia, lo que provocaba encharcamientos, impidiendo que las raíces respiraran y causando la caída prematura de las hojas de árboles y otras plantas.

Ante esta situación, decidí modificar la estrategia aumentando el intervalo entre los riegos y aplicando mayor cantidad de agua en cada ocasión. Como consecuencia, en un breve período comenzamos a notar mejoras significativas, y en tan solo un año, el terreno se recuperó por completo.

Es necesario considerar que el riego debe ajustarse a las particularidades de cada cultivo. En un terreno arcilloso, el exceso de agua no acelerará el crecimiento; por el contrario, causará un desequilibrio mayor en el suelo y dificultará la absorción de los nutrientes que las plantas requieren para su desarrollo.

Suelos ácidos de Brasil

Durante mi estancia en Brasil, me llamó la atención la aparente facilidad del cultivo en estas tierras tan fértiles en comparación con Europa, donde enfrentamos más desafíos. No obstante, esto había dado como resultado un conocimiento agrícola limitado en algunas zonas, ya que los habitantes no sabían cómo abordar ciertos problemas.

Lo primero que noté en el área que debía analizar fue una gran carencia de calcio y magnesio en el suelo, comprensible dado que ese terreno originalmente era de selva tropical. Los suelos de selva son muy ricos en nutrientes gracias al constante reciclaje de materia orgánica, pero al eliminar la vegetación se pierde este ciclo natural y, con él, la fertilidad de la tierra.

Esta deficiencia era muy evidente en los naranjos, que requieren grandes cantidades de calcio. Los árboles tenían pocas hojas, lo que hacía que parecieran recién podados. Para adaptarse a esas condiciones, producían menos hojas (aunque de un tamaño normal); algo que no había visto en otros lugares.

Para restaurar la fertilidad de estos suelos, era necesario reintroducir los nutrientes perdidos y fomentar la creación de materia orgánica mediante abonos verdes; sin embargo, muchos agricultores optaban por usar herbicidas, beneficiando a las multinacionales. De hecho, Brasil es el país que más pesticidas utiliza en el mundo.

Como ya te habrás imaginado, estoy totalmente en contra del uso de pesticidas; es mucho más saludable y ecológico fomentar en los cultivos sistemas autosostenibles que imiten el funcionamiento de la naturaleza. Esta experiencia en Brasil resalta la necesidad de prácticas agrícolas que respeten y trabajen con los ciclos naturales para mantener la fertilidad del suelo a largo plazo.

El suelo de piedra de Pepe Inglés

La historia del terreno del agricultor Pepe Inglés ilustra la importancia de conocer bien la estructura del suelo. En esta área se encontraba una gran losa de piedra que dificultaba su cultivo, al punto de que parecía imposible sembrar algo que prosperara en esa zona.

Para solucionar este problema, utilizamos un gran tractor oruga equipado con piezas de hierro diseñadas para romper la piedra, y después realizamos una plantación de mandarinos. Aunque su crecimiento inicial fue lento, al final ofrecieron excelentes resultados.

El éxito se debió a la presencia de piedras y arena, porque permitió una mayor circulación de aire en el suelo y facilitó que las raíces profundizaran. Esto proporcionó a los árboles un soporte firme, además de mejorar su absorción de agua y captación de nutrientes.

Recuerdo que, de niño, leí en una enciclopedia que un árbol es como un espejo: *"lo que vemos arriba se refleja abajo"*. Sin embargo, esta afirmación no es del todo cierta. En suelos arcillosos, las raíces enfrentan dificultades para profundizar más de 50 centímetros, mientras que en suelos arenosos llegan a alcanzar hasta un metro y medio de profundidad, como pude observar en Egipto. Hay excepciones, como algunas higueras y plantas especialmente adaptadas, pero la mayoría de los árboles no alcanza tales profundidades.

El agua es crucial en este aspecto.

Durante un viaje a Suecia, observé árboles de 20 metros de altura que se caían porque, a pesar de disponer de raíces extensas, estas no superaban los 40 centímetros de profundidad debido al exceso de agua en el suelo. Demasiada agua en la tierra provoca asfixia radicular, ya que las raíces, al igual que las hojas, requieren oxígeno para respirar de manera independiente.

Un terreno bien aireado y gestionado marcará la diferencia entre el éxito y el fracaso de tu cultivo.

Los suelos de Tailandia

En Tailandia, donde con frecuencia los suelos sufren inundaciones, se han desarrollado técnicas para aprovechar estas condiciones en la agricultura. Una de las prácticas más efectivas es la construcción de caballones, que son partes elevadas del surco donde se pueden plantar árboles. Estos montículos de tierra mantienen las raíces fuera del agua estancada y proporcionan un mejor drenaje.

Muestra de cultivo de mandarinos sobre caballones en España

Los agricultores tailandeses suelen utilizar injertos para plantar árboles que toleren bien la inundación, de esta forma incluso cultivan naranjos. El uso de caballones ayuda a prevenir la podredumbre de las raíces y mejora la aireación del suelo.

Algunas plantas han desarrollado adaptaciones para vivir en ambientes acuáticos. Por ejemplo, el arroz se cultiva bajo el agua gracias a que su tejido permite que llegue el aire hasta las raíces.

Esta estrategia ahorra tiempo, esfuerzo y dinero, ya que actúa como una barrera natural contra las malas hierbas y evita el uso de herbicidas. Basta con mantener unos cinco centímetros de agua para que los arrozales prosperen. En España, por ejemplo, se suele inundar estos cultivos con un rango de entre 5 y 15 centímetros, mientras que en algunos países asiáticos, los niveles de agua alcanzan hasta los 50 centímetros.

De manera similar, la posidonia, una planta marina, y el nenúfar, han desarrollado mecanismos únicos para prosperar en ambientes acuáticos. No obstante, estas adaptaciones son muy raras y específicas de pocas especies.

Los suelos en Turquía

En Turquía, la calidad de los suelos aluviales permite un eficaz trabajo agrícola. Estos terrenos sedimentarios se han formado a lo largo del tiempo a partir de materiales transportados por corrientes de agua desde las montañas hasta las llanuras, creando así una tierra extremadamente fértil.

Debido a su alta concentración de nutrientes y buena estructura, son áreas ideales para el cultivo, y el hecho de que la región —el área del Mediterráneo como Adana— es muy lluviosa favorece aún más el crecimiento de las plantas. Un ejemplo de esta fertilidad son los árboles cítricos de la zona, que alcanzan hasta ocho metros de altura y son increíblemente productivos.

Suelos volcánicos, los más fértiles

Los suelos volcánicos, conocidos como andosoles, son famosos por su gran fertilidad y capacidad para sostener una amplia variedad de cultivos. Estos terrenos se forman a partir de la descomposición de rocas y cenizas volcánicas, lo que les confiere una riqueza en minerales esencial para la producción agrícola y el mantenimiento de ecosistemas valiosos.

Las propiedades agronómicas de los andosoles son diversas y dependen de la geología y edad del suelo. A nivel mundial, regiones con suelos volcánicos, como partes de Italia y Grecia, destacan por sus cultivos de alta calidad. Un ejemplo de ello son los viñedos, que en estas zonas producen uvas con características únicas que se utilizan para la elaboración de exquisitos vinos.

El punto de partida

Por todo lo que te he compartido en este capítulo, es fundamental que lleves a cabo un análisis del suelo antes de comenzar a plantar —ya sea en un campo, en un huerto comunitario o en tu propio patio— para conocer su estado y determinar los tratamientos que pueda necesitar.

Empieza por hacer una evaluación inicial observando el color del suelo: un suelo claro indica poca materia orgánica, mientras que uno oscuro sugiere una mayor presencia de esta.

Análisis Visual del Suelo

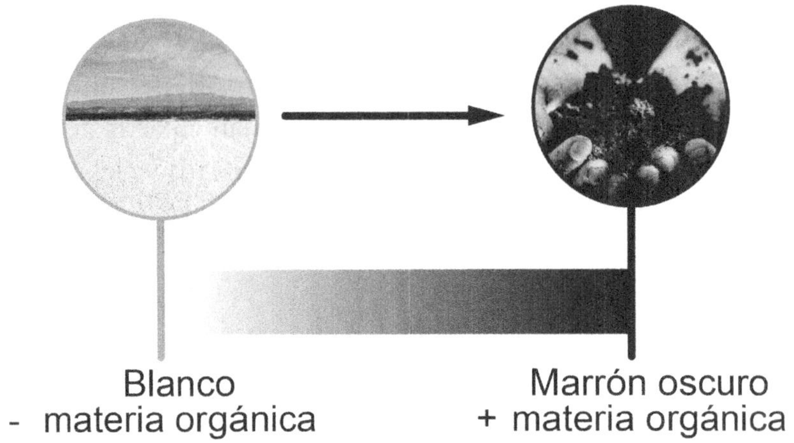

También hay terrenos con un alto contenido de manganeso, como algunos suelos muy negros que se pueden encontrar en ciertas zonas de México. La presencia de vegetación es otro indicador de fertilidad.

Además, es recomendable que lleves a cabo un análisis físico-químico del suelo, un procedimiento que no suele ser muy costoso. Para ello, deberás tomar dos muestras de tierra: una de los primeros 20 centímetros de profundidad y otra de entre 30 y 40 centímetros. Con estos datos, un especialista podrá determinar las necesidades específicas del terreno, incluyendo su nivel de pH, contenido de materia orgánica y demás elementos.

Análisis Físico y Químico del suelo
(Laboratorio agrario)

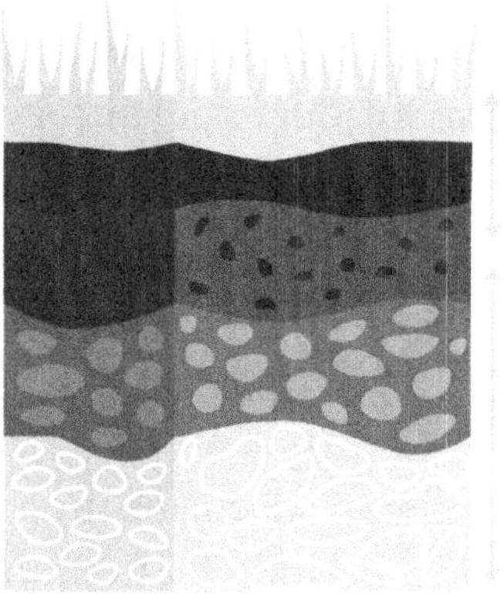

1ª
muestra de **5 a 20 cm**
de profundidad

2ª
muestra de **30 y 40 cm**
de profundidad

Ten presente que un huerto siempre necesitará ser alimentado de manera continua con materia orgánica; más adelante te compartiré diversas formas de hacerlo.

Efectuar un análisis de suelo al comienzo te ayudará a saber qué nutrientes aplicar, qué plantar y cómo mantenerlo para obtener los mejores resultados.

Recuperación de suelos deteriorados: agricultura ecológica

Tanto el agronegocio como la agricultura convencional moderna se basan en la aplicación de fertilizantes químicos sin considerar las necesidades específicas de las plantas, lo que genera un desequilibrio en el ecosistema del terreno.

Las plantas absorben el nitrógeno del aire gracias a la acción de las bacterias presentes en el suelo. No obstante, en la agricultura química se utilizan fertilizantes como el nitrato de amonio y la urea para proporcionar este elemento. Estos fertilizantes interfieren con la actividad de las bacterias fijadoras de nitrógeno, desestabilizando los procesos naturales del suelo y afectando su vida microbiana. Como consecuencia, disminuye la materia orgánica y se produce la degradación del suelo, ocasionando tierras muy deterioradas.

La buena noticia es que, con el tratamiento adecuado, un suelo puede recuperar su fertilidad en un corto periodo de tiempo. Al dejar de aplicar abonos químicos y proporcionar los nutrientes necesarios, la vida microbiana del suelo se restaura con mucha rapidez. Esto se debe a que las bacterias poseen una gran capacidad de reproducción, multiplicándose cada 20 o 30 minutos.

Para devolver a un terreno su fertilidad, suelo utilizar ácidos fúlvicos, que se producen durante la descomposición de la materia orgánica. Se obtienen, por ejemplo, al procesar la caña de azúcar. La aplicación de este preparado orgánico estimula el crecimiento de las plantas, mejora la absorción de nutrientes y promueve la reproducción de microorganismos. Sin embargo, si se parte de un suelo muy deteriorado, su recuperación requerirá más tiempo y esfuerzo, añadiendo mayor cantidad de materia orgánica y creando un ecosistema saludable.

El estiércol es una excelente alternativa que actúa de manera rápida y aporta muchos nutrientes. Para huertos urbanos y macetas, una opción práctica es el estiércol en forma de *pellets*. Aunque es más caro, es fácil de manejar: simplemente se incorpora a la tierra utilizando una pala o un rastrillo. La dosis recomendada varía según el tipo de cultivo y la fertilidad del terreno.

Otra técnica eficaz es el uso de abonos verdes, compuestos por plantas cultivadas con el objetivo de ser incorporadas al suelo. Esta práctica aporta materia orgánica y nutrientes, mejorando la estructura del suelo y fomentando una vida microbiana saludable. Además, ayuda a prevenir la erosión y mejora la capacidad del terreno para retener agua.

Lo recomendable es plantar una combinación de cereales y leguminosas.

Los cereales crecen con facilidad en suelos pobres y producen materia orgánica de alta calidad; tienen raíces profundas que absorben los nutrientes del subsuelo y los elevan a la superficie del suelo. Existen de dos tipos: de verano y de invierno; para preparar abono verde en invierno, es recomendable utilizar cebada, trigo o centeno, mientras que en verano es mejor sembrar mijo o sorgo.

Por otro lado, las leguminosas albergan bacterias en sus raíces que fijan el nitrógeno del aire y lo proporcionan a la planta. En suelos poco fértiles resulta muy beneficioso cultivar guisantes o habas. Estas plantas leguminosas poseen nódulos llenos de bacterias del género Rhizobium, que fijan el nitrógeno atmosférico y lo convierten en una forma utilizable para las plantas.

Aprovecha las épocas en las que no se cultiva para sembrar estas plantas, y una vez hayan crecido, incorpóralas al suelo mezclándolas con la tierra. Este proceso generará una explosión de vida, incrementando la materia orgánica y la presencia de bacterias beneficiosas. Ten en cuenta que en sitios secos y cálidos la materia orgánica se degradará más rápido, por lo que en esas condiciones deberás aplicar una mayor cantidad.

¡Te animo a cultivar este tipo de plantas en una parte de tu huerto urbano! Déjalas crecer y luego mézclalas con el suelo para crear un compost verde; después, siembra o planta encima. Al repetir este proceso varias veces, incrementarás de forma muy rápida y eficiente la fertilidad de tu suelo. Lamentablemente, estas prácticas de agroecología son poco utilizadas, y a veces ¡hasta desconocidas! Mi intención es compartir este conocimiento para que más personas disfruten de sus ventajas.

Espero que este capítulo te haya resultado muy interesante y apliques estas ideas y consejos para aumentar la productividad y eficiencia de tu huerto. No te preocupes si has cometido algún error con tus cultivos; mi objetivo es ayudarte a corregirlos.

Te invito a acompañarme en la próxima sección, donde te hablaré sobre las plantas comestibles que puedes añadir a tu huerto, asegurando su rendimiento y calidad para una mejor alimentación.

¡Continuemos esta aventura!

Capítulo 4

PLANTAS COMESTIBLES PARA TU HUERTO

"Un medio ambiente no puede existir fuera de la naturaleza, y así la agricultura deberá ser el fundamento para vivir. El retorno de toda la gente al campo para cultivar la tierra y crear aldeas de hombres verdaderos es el camino a seguir para la creación de ciudades ideales y naciones ideales".

Masanobu Fukuoka

El acto de cultivar la tierra y obtener de ella nuestros propios alimentos es una de las experiencias más gratificantes que podemos disfrutar los seres humanos. Este proceso exige paciencia, dedicación, un profundo respeto y entendimiento hacia la naturaleza, recordándonos la necesidad de apreciar cada fruto que cosechamos. Al observar el crecimiento de las plantas, aprendemos a ser más agradecidos y a reconocer el esfuerzo involucrado en cada etapa de la cosecha.

En la actualidad, esta práctica es una alternativa viable y, sobre todo, necesaria, de la cual aún nos mantenemos alejados debido a nuestra desconexión con la naturaleza. Sin embargo, cada vez más personas, como tú, sienten la necesidad de regresar a nuestras raíces y redescubrir los sabores auténticos que se han perdido a causa del uso excesivo de pesticidas, la degeneración de las semillas y las malas prácticas agrícolas.

Durante la última pandemia global, cuando el mundo se vio paralizado por la enfermedad, se hizo evidente la importancia de promover una agricultura sostenible que garantizara el suministro de alimentos. A pesar de todo el avance tecnológico, en medio de una emergencia sanitaria, peligró nuestro abastecimiento. Esto se reflejó en las compras masivas y el acaparamiento en los países afectados, lo que resultó en estantes vacíos en supermercados y tiendas, limitando el acceso a alimentos para una gran parte de la población.

En ese contexto, aumentaron las búsquedas en Google sobre *"agricultura doméstica"* y alternativas para cultivar en cualquier espacio disponible. *"Cultivar alimentos ahora puede ayudarlo a usted y a otros a superar los inciertos días por venir"*, repetían los medios de comunicación.

Como resultado de esta situación, la creación y el mantenimiento de huertos urbanos ha experimentado un crecimiento a nivel global, pero aún no es suficiente. El objetivo es que esta práctica se extienda y que cualquier persona pueda beneficiarse de alimentos sanos y nutritivos sin depender de las grandes industrias comerciales. Por esta razón, este capítulo es fundamental, ya que te hablaré sobre la diversidad de plantas comestibles que podrás incluir en tu huerto, sus particularidades y cómo cultivarlas.

Cada lugar presenta diferentes características

Antes de decidir qué plantar en tu huerto, deberás tener en cuenta la región en la que te encuentras, ya que cada lugar presenta características únicas que influyen en el crecimiento de las plantas. En los países del norte de Europa, la agricultura urbana ha tenido gran éxito gracias a su clima y condiciones específicas. Sin embargo, intentar replicar las mismas técnicas en regiones más meridionales, como las del Mediterráneo, no siempre produce buenos resultados.

Por ejemplo, en climas mediterráneos, la materia orgánica se descompone con rapidez debido al calor y la sequedad, mientras que en el norte de Europa, donde el clima es más húmedo y fresco, la descomposición de la materia orgánica es más lenta, lo que provoca su acumulación.

Un error frecuente ha sido tratar de aplicar en España las mismas técnicas de cultivo que se utilizan en lugares como Inglaterra y los Países Bajos, sin considerar factores como la aridez, la salinidad del suelo y las altas temperaturas. En el norte de Europa, el riego por aspersión es eficaz; no obstante, en el sur, gran parte del agua se evapora antes de alcanzar el suelo, lo que disminuye su efectividad y aumenta la salinidad, afectando a los cultivos. Por ello, el riego por goteo, que en un principio se consideraba una técnica menos avanzada, ha demostrado ser más eficiente en estos territorios.

Incluso dentro del territorio español existen notables diferencias entre regiones. Por ejemplo, los suelos y el clima en Berga (Barcelona) son distintos de los de Cartagena (Murcia) o Sevilla (Andalucía). Mientras que en Berga, al estar más al norte, el suelo es más fértil y contiene más materia orgánica, en zonas como Cartagena o Sevilla, el calor extremo y la escasez de agua constituyen desafíos considerables respecto a la fertilidad del terreno.

Una de las ventajas de los cultivos en zonas más templadas, es que se pueden obtener abundantes cosechas durante todo el año "jugando" con las distintas especies comestibles.

La especie es una unidad de clasificación botánica del reino vegetal, y dentro de ella puede haber muchos tipos diferentes de variedades. Tienen una serie de características comunes y son capaces de cruzarse o intercambiar genes entre sí.

Por otro lado, en climas tropicales —como muchos lugares de Sudamérica— con abundancia de agua y materia orgánica y temperaturas estables a lo largo del año, se puede cultivar una amplísima gama de especies comestibles; se puede cultivar lo que desees cuando lo desees.

Por lo tanto, al planificar tu huerto, es fundamental que conozcas las características específicas del suelo y las condiciones ambientales de tu región para seleccionar las técnicas y los cultivos más apropiados. Cada lugar posee su propia "personalidad" agrícola, y adaptar tus prácticas a esas particularidades es esencial para tu éxito.

Rotación de cultivos: la historia de Juan y su plantación de pimientos

Al sembrar especies comestibles, deberás tener en cuenta la importancia de realizar rotaciones en los cultivos, un aspecto que, resulta clave para la salud del suelo y el éxito de las plantaciones. Para ilustrarte mejor, te contaré la historia de Juan, un agricultor que enfrentó dificultades en sus invernaderos en San Javier, Murcia (España), donde cultivaba pimientos.

Juan se encontraba con un problema recurrente: el hongo *Phytophthora capsici*, responsable de la enfermedad conocida como "tizón o marchitez del pimiento", cuyos principales síntomas incluyen la podredumbre del tallo, sobre todo en la base de la raíz. Este hongo es muy peligroso porque deja esporas en el suelo, lo que significa que si se vuelven a plantar pimientos en el mismo lugar durante varias temporadas consecutivas, los cultivos se debilitarán de manera progresiva hasta morir.

Las raíces son vulnerables a patógenos y nematodos de ciertos cultivos. Si se repite la misma especie botánica en un terreno sin permitirle un descanso adecuado, estos organismos tienen más posibilidades de proliferar, debilitando las plantas y reduciendo la productividad. Las variedades de tomates, pimientos, berenjenas, melones y sandías son más propensas a estas enfermedades, mientras que otras, como la lechuga o las coles, soportan mejor la repetición en el suelo.

La rotación de cultivos es crucial para prevenir estos problemas, ya que consiste en no sembrar la misma especie en el mismo lugar durante varios años consecutivos. Por ejemplo, si se cultivan tomates o pimientos en una parcela, lo ideal es no volver a plantarlos allí hasta pasados al menos cuatro años, permitiendo que otros cultivos, como los calabacines, interrumpan el ciclo de vida de las plagas y enfermedades que se acumulan en el suelo.

Para la mayoría de las plantas, no es recomendable repetir cultivos en el mismo lugar durante dos años seguidos; sin embargo, para aquellas más sensibles, como los pimientos, se sugiere un ciclo de rotación de al menos cuatro años.

Juan cometió el error de cultivar pimientos en el mismo suelo año tras año, lo que llevó a un gran debilitamiento de sus cultivos. Intentó resolver el problema utilizando desinfectantes químicos como el bromuro de metilo, un gas tóxico que posteriormente fue prohibido. Tras probar otras opciones, que también fueron vetadas, recurrió a la solarización, una técnica que consiste en cubrir el suelo con plástico transparente durante los meses de verano, de junio a agosto. Bajo este plástico, se instalan mangueras de riego para mantener la humedad en el terreno, y la combinación de agua y calor solar eleva la temperatura lo suficiente como para eliminar hongos, bacterias y semillas de malas hierbas.

Aunque la solarización demostró ser efectiva para disminuir los patógenos del suelo, no resultaba práctica, ya que para llevarla a cabo era necesario suspender los cultivos en plena temporada. Finalmente, Juan incorporó rotaciones en su invernadero y alternó los pimientos con otras especies como calabacines y melones. De esta forma, logró reducir las enfermedades de las plantas sin necesidad de interrumpir su producción.

Recuerda, para mantener tu huerto saludable, es importante que no repitas los cultivos en el mismo lugar cada año, sobre todo en el caso de las plantas más sensibles que requieren ciclos de rotación más extensos. Esta práctica previene la acumulación de plagas y enfermedades.

Ten presente que un suelo rico en materia orgánica y con una diversidad de microorganismos será menos propenso a las enfermedades, ya que un ecosistema microbiano equilibrado ayuda a controlar los patógenos de forma natural. En cambio, los suelos con poca vida microbiana tienden a ser más vulnerables.

También, deberás considerar las condiciones específicas de tu huerta urbana, como el tipo de suelo, el clima local y las estaciones del año. Por ejemplo, debido al cambio climático, las hortalizas necesitan adaptaciones para enfrentar temperaturas extremas, como elegir variedades más resistentes al calor en verano. En el caso de la lechuga, he tenido éxito cultivando en verano la romana procedente de Egipto, mientras que en invierno prefiero variedades locales europeas, como la trocadero o francesa, y la larga de Cornudella.

Estos son los 5 principales beneficios de aplicar la rotación de cultivos, tanto para el medioambiente como para el agricultor:

- **Diversificación de la producción:** Alternar cultivos promueve una mayor diversidad vegetal, lo que mejora la nutrición tanto humana como animal. Además, reducir la dependencia de un solo cultivo contribuye a la estabilidad económica del agricultor.

- **Reducción de plagas y enfermedades:** La rotación disminuye el riesgo de ataques de plagas, enfermedades y malas hierbas, lo que reduce la necesidad de intervención (y de posibles pesticidas, aunque algunos sean ecológicos). Esto facilita un manejo más sencillo y económico de los cultivos, creando un entorno agrícola más equilibrado.

- **Mejora de la estructura del suelo:** Diferentes cultivos poseen raíces con formas y profundidades variadas, lo que contribuye a una mejor estructura del suelo. Esto, a su vez, disminuye la necesidad de labores mecánicas intensivas y los costes de preparación del suelo.

- **Optimización del uso de agua y nutrientes:** La rotación favorece una distribución más eficiente del agua y los nutrientes a través del perfil del suelo, lo que da como resultado cultivos más uniformes y de mayor calidad, optimizando el uso de recursos.

- **Aumento de la fertilidad del suelo:** La introducción de abonos verdes a base de sembrar una mezcla de leguminosas y cereales en la rotación incrementa la fijación de nitrógeno y el contenido de materia orgánica, enriqueciendo el suelo de manera natural y sostenible.

5 Principales Beneficios de la Rotación de Cultivos:

Con una planificación adecuada, podrás sembrar hasta tres o cuatro especies diferentes en un mismo espacio a lo largo del año, optimizando el rendimiento y la sostenibilidad de tu huerto.

Consejos para la organización de tu huerto

Para la organización de tu huerta, te recomiendo diseñar un mapa que permita planificar las plantaciones y evitar la repetición de especies. Ten presente los siguientes aspectos:

- **Planificación y registro:** Implementar un sistema de cuadrícula y llevar un registro detallado de los cultivos en cada área del huerto resulta muy útil para una gestión eficiente. La siembra en cuadrícula es una técnica en la que el terreno se divide en secciones cuadradas y las plantas se organizan en filas dentro de cada sección. Este enfoque permite un control más preciso sobre el cultivo y optimiza el uso de los recursos disponibles, facilitando una planificación más organizada. Personalmente, utilizo una agenda para registrar todos los cambios y actividades realizadas en mi huerto. De esta forma, superviso la rotación de cultivos y me aseguro de que las plantas reciban los nutrientes necesarios, evitando el agotamiento del suelo.

  A continuación, te presento un plano que ilustra una posible distribución para un huerto mediterráneo:

AÑO X

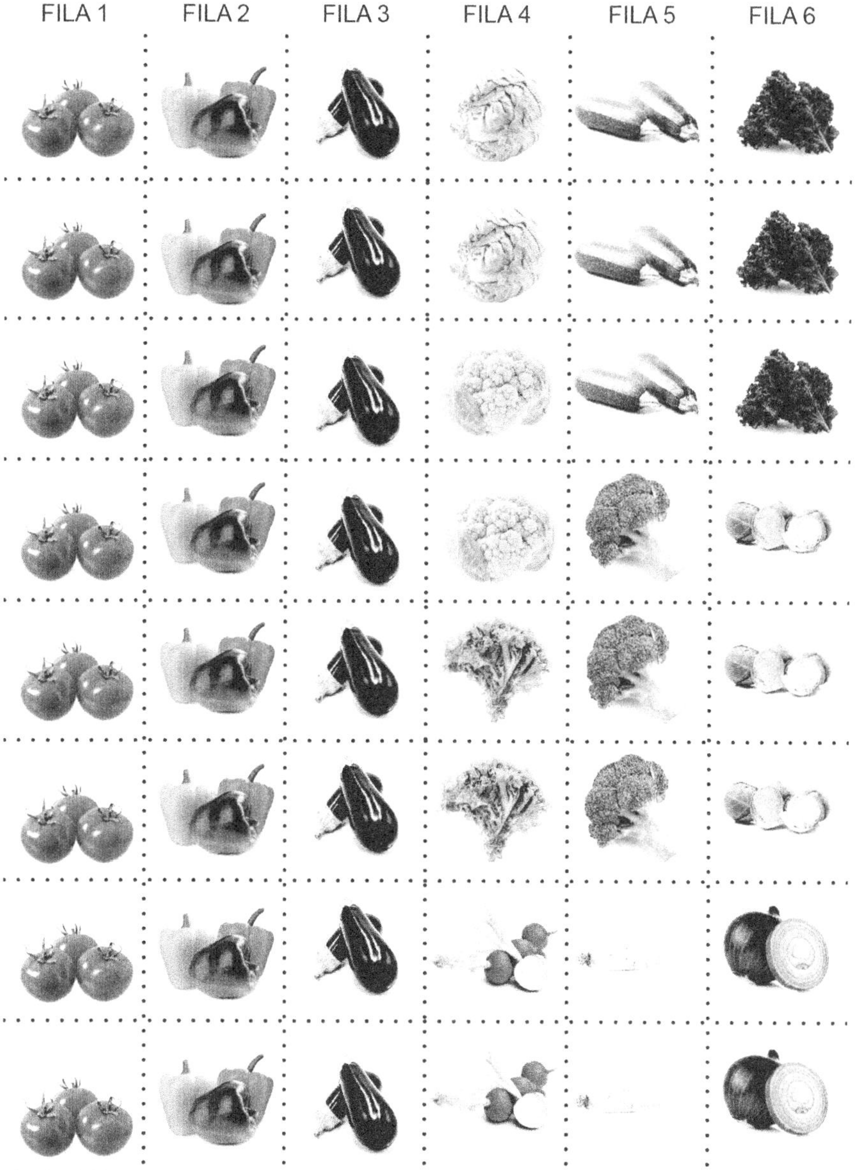

FILA 1: Tomates. Anota variedad y observaciones

FILA 2: Pimientos. Anota variedad y observaciones

FILA 3: Berenjenas. Anota variedad y observaciones

FILA 4: Coles, coliflores, lechugas y rabanitos. Anota sus variedades y observaciones

FILA 5: Calabacines, brócoli y nabos. Anota sus variedades y observaciones

FILA 6: Kale, col de Bruselas y cebollas. Anota sus variedades y observaciones

AÑO X + 1

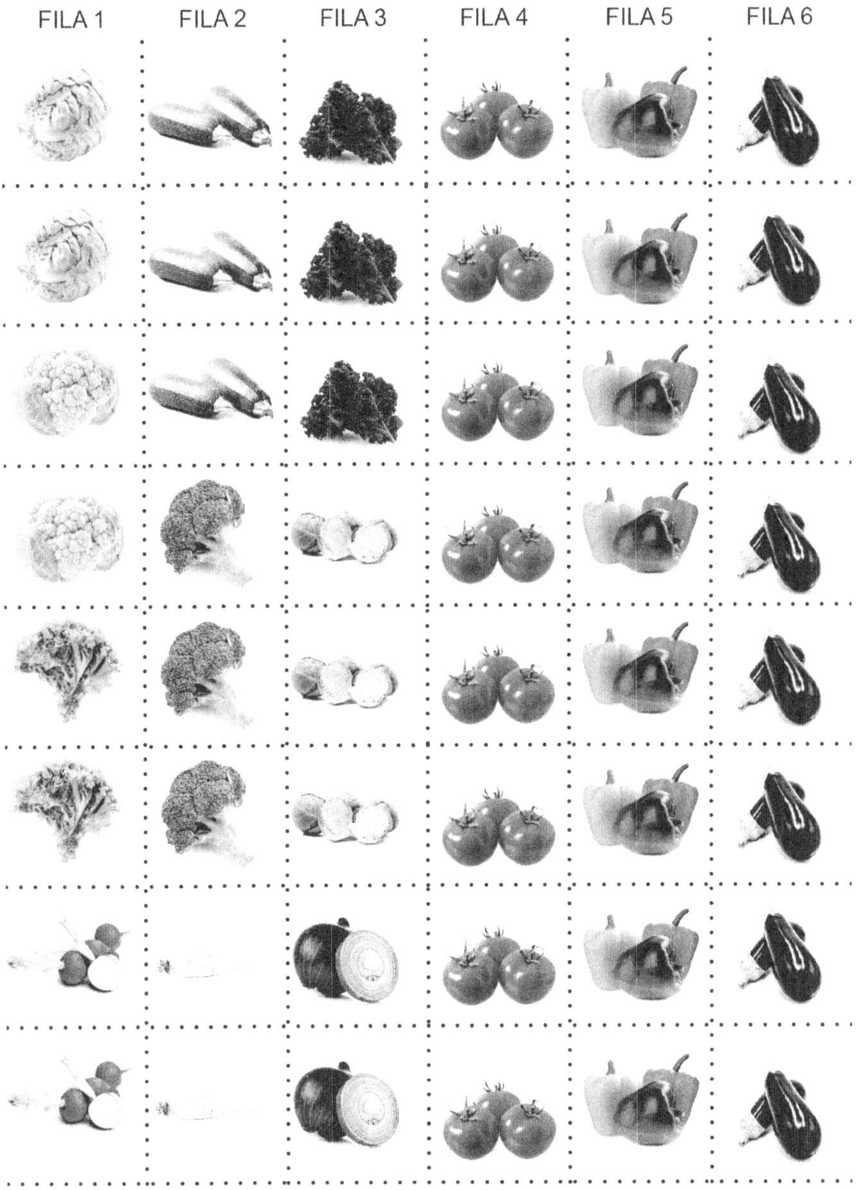

FILA 1: Coles, coliflores, lechugas y rabanitos. Anota sus variedades y observaciones

FILA 2: Calabacines, brócoli y nabos. Anota sus variedades y observaciones

FILA 3: Kale, col de Bruselas y cebollas. Anota sus variedades y observaciones

FILA 4: Tomates. Anota variedad y observaciones

FILA 5: Pimientos. Anota variedad y observaciones

FILA 6: Berenjenas. Anota variedad y observaciones

- **Diversidad en el huerto:** La diversidad vegetal es clave en la planificación de un huerto. En mi caso cultivo más de 350 especies botánicas diferentes, con una amplia gama de variedades, lo que me permite alternar las plantas según la temporada. Por ejemplo, si en verano las lechugas y las coles no prosperan, opto por especies más resistentes al calor, como el yute, el amaranto o la verdolaga. Lo ideal es que una huerta urbana incluya al menos 70 especies botánicas diferentes para asegurar una mayor variedad de nutrientes en nuestra alimentación.

  Por otro lado, también puedes cultivar especies que no necesariamente sean para tu consumo alimenticio. Por ejemplo, el fruto de la luffa (una especie de calabaza) cuando está inmaduro puede consumirse como verdura similar a un calabacín, pero cuando madura es muy fibroso y se usa para hacer esponjas de baño vegetales.

Otro ejemplo, el *Plectranthus barbatus*, conocido de forma común como "Boldo de la India", que pertenece a la familia de la menta, posee unas decorativas hojas de márgenes crenados y unas preciosas flores lilas. Además, sus hojas y raíces contienen unos aceites aromáticos muy apreciados en la medicina ayurvédica y también se usa como sustitutivo del papel higiénico.

En el siguiente enlace, encontrarás un listado de algunas de las plantas que puedes cultivar:

https://esc.anea.me/rn_10

- **Organización de los cultivos:** Otro aspecto crucial al organizar tu huerto es que reserves un espacio para plantar árboles, asegurándote de dejarlos con suficiente separación para permitir el crecimiento de las hortalizas entre ellos. Teniendo en cuenta las distancias y el espacio disponible, podrás combinar diferentes especies de árboles, como naranjos, limoneros, melocotoneros, albaricoqueros, aguacates y un largo etcétera. Las hortalizas, por su parte, son más manejables y su crecimiento es más rápido, lo que facilita su cultivo. Si te concentras solo en hortalizas, organiza en el centro del huerto las especies perennes, como alcachofas, stevia y acederas, para permitir un fácil acceso desde ambos lados y minimizar la competencia con las malas hierbas. Las hortalizas anuales deberás intercalarlas alrededor de las perennes, siguiendo el historial de plantaciones para asegurar la rotación cada año. También puedes integrar plantas medicinales junto a las hortalizas, ajustando su ubicación según su ciclo de vida. Por ejemplo, la ashwagandha, que es perenne, debe plantarse junto a otras que también lo son, mientras que el tulsi y la quirquiña, que tienen un ciclo estival, se combinan mejor con cultivos como tomates y pimientos.

Mi experiencia cultivando especies botánicas de China

En una ocasión, me contactó un grupo de empresarios chinos con un proyecto innovador: deseaban cultivar especies botánicas típicas de su país para tenerlas frescas y disponibles en sus negocios de comida. Trabajamos durante varios años con una amplia variedad de semillas tradicionales, lo que me permitió adentrarme en otro fascinante mundo vegetal.

Por ejemplo, aprendí sobre la *Lagenaria siceraria*, un tipo de calabacín trepador que es ideal para preparar deliciosas cremas y se adapta perfectamente al verano. Esta planta es hermosa y fácil de cultivar. Otra especie reveladora fue el amaranto tricolor chino, que prospera en climas cálidos y posee hojas de gran belleza.

Entre los ejemplares más notables que cultivamos también estaba la *Benincasa hispida*, conocida como calabaza china, blanca o de cera. Esta calabaza crece sobre los árboles y puede alcanzar un peso de hasta 5 kilogramos, con una cáscara gruesa y resistente. Se considera medicinal debido a sus propiedades antiinflamatorias, antioxidantes y diuréticas.

Asimismo, descubrí la *Ipomoea aquatica*, también llamada cancón. Esta verdura similar a la acelga es muy nutritiva y tiene un sabor exquisito. Requiere un clima cálido y húmedo para prosperar, ya que no tolera las heladas.

Entre las variedades culinarias incluimos el *pak choi*, una col china popular en Europa; el *choy sum*, una verdura de hojas verdes con delicadas flores amarillas; y el *kai-lan*, un pariente del brócoli —del que se consumen los tallos florales— conocido por su sabor más intenso y ligeramente amargo. Además, cultivamos plantas medicinales como la rehmannia y el astrágalo.

Sin dudas, explorar esta diversidad resultó una experiencia enriquecedora.

Consumo de yute en Egipto: un descubrimiento gastronómico

Egipto ofrece otro panorama agrícola y gastronómico distintivo. Durante mi estancia en ese país, uno de mis hallazgos más interesantes fue una variedad de la planta de yute utilizada para preparar la mulujía, una sopa tradicional egipcia. Esta hierba silvestre ha sido consumida desde tiempos del Antiguo Egipto y se la conoce como *"el alimento de los faraones"* debido a sus beneficios para la salud y sus propiedades afrodisíacas.

Decidí llevar semillas de yute a España y cultivarlas, descubriendo lo favorable que es su consumo. Además de su sabor, el yute es rico en vitaminas A, C y E, así como en fibra, lo que mejora la digestión y regula los niveles de azúcar en sangre. Su alto contenido en antioxidantes ayuda a protegerse contra el daño celular y fortalece el sistema inmunológico. En la cocina, es versátil y se emplea en la preparación de sopas, guisos y ensaladas, proporcionando tanto sabor como nutrientes.

Otra planta que llamó mi atención en Egipto fue la *Colocasia esculenta*, conocida como taro, pituca, papa china o malanga. Esta planta se cultiva por sus raíces comestibles, que sirven como sustitutos de la patata. Al introducirla en mi huerto, observé que se adapta muy bien al clima mediterráneo, pero también es óptimo en climas tropicales, lo que proporciona una alternativa a la patata durante todo el año. Puede combinarse con otras variedades como el tupinambo y el chayote para diversificar los cultivos.

Es sorprendente ver cuántos de estos alimentos, que alguna vez fueron comunes en nuestra alimentación, han caído en el olvido. Entre ellos, el chayote, una hortaliza rica en minerales que contribuye a equilibrar los niveles de glucosa e insulina en la sangre, ayudando a prevenir la diabetes y osteoporosis.

La comunidad de Surinam y el cultivo de hojas comestibles

Una comunidad surinamesa en los Países Bajos, formada por unas 350.000 personas, mantiene una fuerte tradición en el cultivo y consumo de verduras típicas de su país. Entre estas especies, destaca una variante de colocasia (Xanthosoma brasiliense), cuyas hojas son comestibles. No obstante, debido a las limitaciones climáticas en los Países Bajos, solo es posible cultivarla durante tres o cuatro meses al año. Ante este desafío, recibí una solicitud para ayudar a cultivar esta planta durante el invierno en un clima más favorable. En España, donde las condiciones son más cálidas, la colocasia crece adecuadamente durante todo el año, sobre todo en verano. Sus hojas son sabrosas, fáciles de cultivar y representan una excelente opción para diversificar la dieta durante la temporada estival.

Gracias a la incorporación de este tipo de cultivos, he pasado de no disponer de hortalizas de hoja en verano, a contar con varias opciones de hojas comestibles como el amaranto, el yute, la verdolaga, la colocasia y un amaranto blanco, durante esta época del año. La diversidad en el huerto fomenta la soberanía alimentaria al reducir la dependencia de los supermercados y acceder a alimentos más saludables y nutritivos.

De igual forma, obtendrás mejores resultados si produces tus propias semillas, **siempre y cuando no sean de origen híbrido.** Por ejemplo, si siembras una semilla de melón, crecerá una planta que puede producir entre 2 y 6 melones, y cada uno de ellos contiene entre 200 y 800 semillas. Con un poco de cuidado, es posible limpiar y conservarlas para su uso en la siguiente temporada. En próximos capítulos, profundizaré en cómo puedes aprovechar este valioso recurso para disponer de él abundantemente.

Y si deseas empezar con semillas de calidad y no sabes dónde adquirirlas, puedes hacerlo a través del siguiente enlace:

https://esc.anea.me/rn_15

Y si prefieres tener ya la planta para simplificar y acelerar el proceso, te recomiendo esta opción por su calidad:

https://esc.anea.me/rn_25

Comprender el origen de las especies para optimizar tu huerto

Te recomiendo que investigues siempre el origen de cada especie vegetal para que entiendas cómo se adaptan al clima de tu región y las condiciones óptimas para su cultivo. Por ejemplo, el pimiento, que proviene de zonas tropicales, no debe plantarse en invierno en climas fríos. De manera similar, es aconsejable evitar la siembra de lechugas en pleno verano, ya que prefieren temperaturas más frescas.

Explorar las variedades también te ayudará a aprovechar mejor sus particularidades. Por ejemplo, el puerro presenta variantes interesantes como el *kurrat*, una versión pequeña ideal para ensaladas, y el ajo elefante, un puerro de tamaño gigante que puede llegar a pesar medio kilo por unidad. Este último es más usado en la elaboración de platos salteados, guisos y sopas, y se puede asar o cocinar al horno para obtener un sabor más suave y dulce.

Por otro lado, es importante reconocer las distintas plantas de una misma especie, porque si se cruzan entre sí, tiende a volver a su estado primitivo o salvaje, por lo que perderá gran parte de su interés culinario. Por ejemplo: las crucíferas como el repollo, el brócoli y la coliflor, aunque presentan apariencias diferentes, pertenecen a la misma especie botánica y, si se cruzan entre sí, generan una planta con poco uso.

Otro ejemplo: la col china, la mizuna, el nabo, el pak choi o los grelos, aunque tienen distinto aspecto y uso, pertenecen a la misma especie *Brassica rapa,* y pueden mezclarse entre ellos.

Espero que esta información te haya sido de utilidad y que te sientas más preparado para comenzar a trabajar y mantener tu huerto, incorporando una amplia variedad de plantas comestibles y disponiendo de tus propias semillas. Todo ello te ofrecerá una gran seguridad e independencia.

En el siguiente capítulo, abordaré otro componente esencial: los árboles. Incluirlos en tu terreno es crucial para diversificar y equilibrar los sistemas agrícolas. Además, existen árboles cuyas hojas y frutos son comestibles, lo que los convierte en una valiosa adición para tu cultivo.

¡Sigamos avanzando para llevar tu huerto a un nivel superior!

Capítulo 5

LOS ÁRBOLES

"Hasta que caves un agujero, plantes un árbol, lo riegues y lo hagas sobrevivir, no has hecho nada".

Wangari Maathai

Incluir árboles en tus cultivos siempre es una decisión acertada; embellecen el entorno y contribuyen a que tu huerta sea más productiva y sostenible. Los árboles proporcionan sombra, mantienen el suelo fresco y protegen a las plantas del exceso de calor. Además, capturan partículas de polvo y absorben más dióxido de carbono, purificando el aire y combatiendo la contaminación y el cambio climático.

Asimismo, fomentan un ecosistema variado al ofrecer refugio a aves, insectos y otros organismos que controlan plagas y favorecen la polinización. Los árboles frutales, en particular, producen frutos durante muchos años, lo que garantiza una fuente continua de vitaminas, minerales, grasas, aceites y proteínas.

En este capítulo, te explicaré las características de los árboles que podrás añadir a tus cultivos, cómo seleccionarlos, reproducirlos y cuidarlos para obtener los mejores resultados. ¡No te lo pierdas!

Métodos de reproducción de los árboles

Existen 3 métodos de reproducción de los árboles: mediante la propagación vegetativa por esquejes, el injerto y por semillas.

Los árboles requieren más tiempo y dedicación que las hortalizas para comenzar a producir frutos, entre 2 y 3 años, o incluso más. No obstante, presentan la gran ventaja de que es posible replicarlos con precisión, conservando sus características específicas a lo largo de generaciones.

Mientras que en otras plantas resulta difícil obtener ejemplares idénticos —incluso utilizando la misma variedad—, los árboles pueden clonarse mediante dos métodos que aseguran la reproducción exacta de sus rasgos: la propagación vegetativa por esquejes y el injerto.

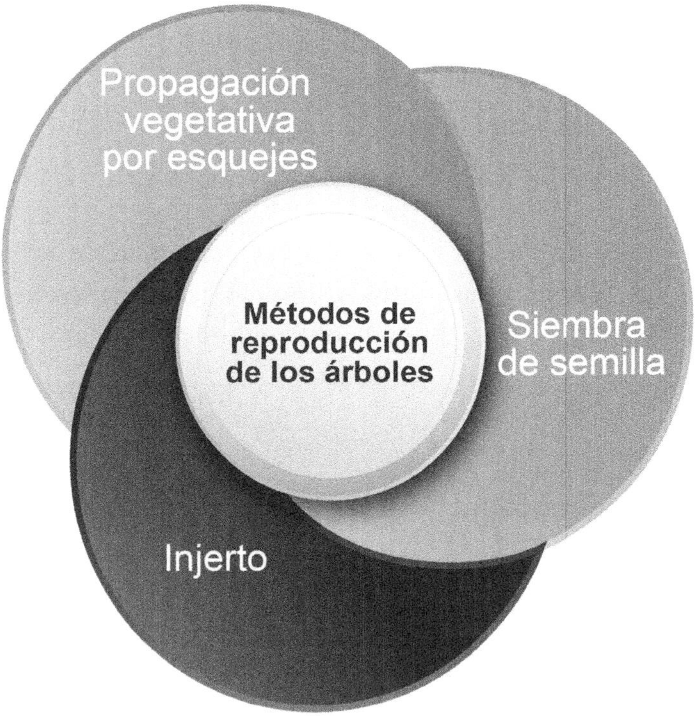

1. *Propagación vegetativa por esquejes*

La propagación por esquejes consiste en cortar una parte del árbol —como una rama joven o un brote— y plantarla para que desarrolle raíces y se convierta en un árbol genéticamente idéntico al original. Aunque no todas las especies pueden reproducirse de este modo, es un método efectivo para algunas, como la higuera, el granado y el olivo.

Por ejemplo, si cortas una rama de una higuera durante el invierno y la plantas, en poco tiempo crecerá una nueva higuera con las mismas características que la planta madre. Esta práctica es útil para quienes desean expandir su huerto de forma rápida y sencilla, conservando las cualidades de un árbol que ya ha demostrado resultados positivos.

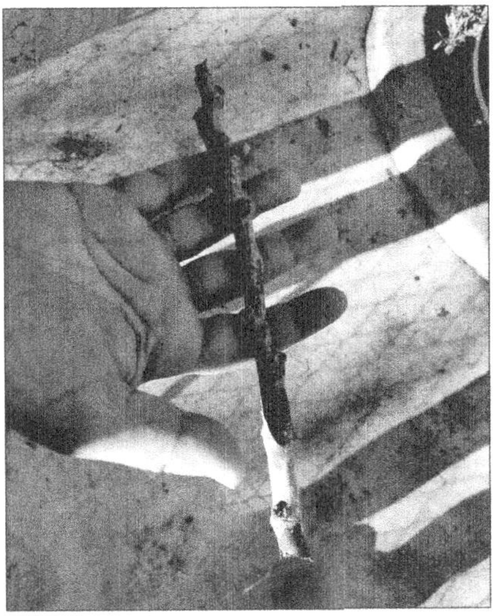

Esqueje recién cortado de una higuera

Esqueje recién plantado de una higuera

2. *Injerto*

El injerto es una técnica de reproducción que permite combinar las peculiaridades de dos árboles diferentes. Para preparar un injerto, debemos disponer de un portainjerto adecuado y afín a la variedad que queremos reproducir.

A las 3 semanas tras quitar la protección

A los 3 meses

Tras 1 año

Requiere mucho cuidado y rapidez, ya que consiste en efectuar un corte limpio en la corteza del portainjerto y colocar sobre él una o varias yemas.

El portainjerto o patrón es la sección inferior, que incluye las raíces y parte del tronco. En cambio, el injerto es una yema o varias, es decir, el inicio del desarrollo de un tallo o un trozo de rama de otro árbol que se inserta en el portainjerto.

Yemas

El portainjerto se conoce con diferentes términos según el idioma o país:

En español (habla hispana):

- Patrones
- El borde

- Patrones de injerto
- Pies madre
- Pies de injerto

En otros idiomas:

- Rootstock (en inglés): Esta es la terminología más común en países de habla inglesa.
- Porte-greffe (en francés): Utilizado en países francófonos.
- Portainnesto (en italiano): Nombre común en Italia.
- Portaenxerto (en portugués): Usado en Brasil y Portugal.
- Unterlage (en alemán): Término común en Alemania.
- Podkładka (en polaco): Nombre en Polonia.
- Подвой (Podvoy, en ruso): Utilizado en países de habla rusa.

El injerto ya se utilizaba en China 2000 años antes de Cristo y era común en la antigua Grecia. En la actualidad, es muy empleado en las grandes plantaciones comerciales, tanto de especies frutales como ornamentales.

Al insertar una yema o rama en el portainjerto, todo lo que crezca a partir de ahí será, desde un punto de vista genético, idéntico al árbol del que proviene el injerto. No obstante, debe haber compatibilidad entre las especies. Para ilustrarte mejor, no es posible injertar una higuera en un melocotonero, pero sí un limonero en un naranjo, ya que ambos son cítricos y presentan afinidad.

Esta práctica ofrece varias ventajas, como la posibilidad de adaptar árboles que en condiciones normales no prosperarían en determinados tipos de suelo. Por ejemplo, algunos cítricos necesitan suelos ácidos para desarrollarse, pero utilizando un portainjerto resistente a suelos alcalinos, como el mandarino Cleopatra o el *Citrus macrophylla*, es posible cultivar naranjas, limones o mandarinas en suelos menos adecuados. Los portainjertos aumentan la resistencia e influyen en la variedad, aumentando o disminuyendo el tamaño y/o la precocidad del árbol, pero sobre todo en la producción.

En el caso del níspero, los árboles cultivados a partir de semilla tardan entre 7 y 8 años en producir frutos, y a menudo estos son pequeños y de baja calidad. Sin embargo, al emplear variedades seleccionadas y portainjertos, se logra una producción más rápida, con frutos de gran tamaño y mejor sabor.

3. Reproducción por semilla

Otra forma de reproducción es a través de la semilla, pero este método genera árboles con una notable diversidad genética en comparación con la planta original, lo que da como resultado variaciones en el tamaño, la forma, el sabor de los frutos y otras características.

Esta variabilidad es tanto una ventaja como un desafío. La diversidad genética puede dar lugar a nuevas variedades con aspectos positivos, como una mayor resistencia a enfermedades o una mejor adaptación a diferentes condiciones de crecimiento. Sin embargo, si el objetivo es obtener árboles que produzcan frutos o flores con rasgos específicos, la reproducción por semilla no es la mejor opción, ya que no asegura que los nuevos ejemplares sean idénticos a la planta madre.

Por lo tanto, aunque la reproducción por semilla es útil para introducir diversidad, el injerto y los esquejes son métodos más efectivos y confiables para replicar características específicas.

Por otro lado, la semilla puede ser una fuente de portainjertos sobre la que se injertan una variedad de la misma especie. A esta práctica se la conoce como "portainjertos Franco". Por ejemplo, es muy común en almendros utilizar semillas de almendros como portainjertos para posteriormente ser injertados por una variedad que nos interese.

Influencia de la temperatura en el desarrollo de los árboles

Algunos árboles requieren períodos de frío para completar su ciclo de desarrollo, mientras que otros prosperan en climas tropicales sin necesidad de bajas temperaturas. Por ejemplo, el aguacate y los cítricos crecen en regiones con ambientes cálidos durante todo el año.

Al contrario, los frutales de hoja caduca, como el melocotonero, el albaricoquero, el almendro, el ciruelo o el manzano, requieren un ciclo estacional con cambios de temperatura. Estas especies pierden sus hojas en otoño e invierno y entran en un estado de reposo durante los meses más fríos. Después, brotan en primavera, cuando las condiciones son propicias para el crecimiento y la fotosíntesis. Cada variedad de frutales de hoja caduca requiere unas horas de frío invernal, si esto no sucede, tendrá problemas en la floración, probablemente sus yemas de flor no se desarrollen correctamente y no haya producción o esta sea muy baja.

Dentro de la misma especie hay variedades que se adaptan mejor a unas zonas u otras en función a sus necesidades de horas de frío. Por ejemplo, los melocotones tempranos se adaptan mejor a zonas con pocas horas de frío invernal; los tardíos se adaptan mejor a inviernos largos. Si lo hiciéramos al revés, en los tempranos muy probablemente se helarían sus flores y, en los tardíos, no habría producción.

Existen ejemplares que requieren frío en menor medida, lo que les permite adaptarse a climas con inviernos más cortos o poco intensos. Este es el caso del olivo, que prefiere la exposición directa a la luz solar y, aunque necesita algunas horas de frío, no tolera temperaturas muy bajas.

Recuerda, al seleccionar los árboles para tu huerto, deberás tener en cuenta las condiciones climáticas de la región para asegurar su óptimo rendimiento.

La importancia de la polinización

La polinización es el proceso mediante el cual se transfieren los granos de polen desde la parte masculina de una flor (antera) a la parte femenina (estigma) de otra flor o de la misma flor, permitiendo la fecundación de la planta y, luego, el desarrollo del fruto. En los árboles frutales, este proceso suelen realizarlo insectos como abejas, abejorros, avispas, escarabajos, moscas y mariposas, siendo las abejas las más comunes. Sin embargo, en algunas especies, también puede ocurrir por acción del viento.

Si el entorno carece de suficientes abejas, es probable que debas introducir colmenas para asegurar una correcta polinización. Ten presente que mantenerlas implica cumplir con ciertos requisitos, como controles sanitarios y una distancia mínima de hasta 400 metros de las áreas urbanas. De manera alternativa, algunos insectos polinizadores solitarios contribuirán a este proceso si les proporcionas jardines con flores que los atraigan.

Además, deberás conocer las características de cada ejemplar. Por ejemplo, en los frutales de pepita (pomáceos), como los manzanos, perales y membrillos, las flores aparecen después de que brotan las ramas y para que sus frutos se desarrollen, estos árboles requieren el polen de una variedad diferente de la misma especie que se encuentre cerca.

Algunas plantas presentan sexos separados, lo que significa que existen machos y hembras. Para facilitar la polinización, es necesario cultivar ambas especies cerca una de otra. El sexo se identifica por las flores: las femeninas tienen un pistilo, mientras que las masculinas presentan anteras que producen polen. Por ejemplo, las palmeras, los kiwis o los pistachos.

La mayoría de las plantas tienen tanto pistilos como anteras en la misma flor, aunque tienen mecanismos para evitar la consanguinidad.

Existe una gran diversidad. Un ejemplo es el algarrobo, que puede ser macho, hembra o ambos. Yo cultivo una variedad de algarrobo hembra, puesto que produce un fruto más dulce y exquisito, y para garantizar su producción (sus frutos), me aseguro de plantar cerca árboles macho o hermafrodita que la polinicen.

El aguacate es otro ejemplo interesante, ya que existen dos tipos principales de variedades: Tipo A y Tipo B. Las variedades Tipo A, como *Hass* y *Reed*, abren sus flores femeninas por la mañana y se convierten en masculinas por la tarde. En contraste, las Tipo B, como *Fuerte* y *Bacon*, presentan flores femeninas que se abren por la tarde y liberan polen al día siguiente por la mañana. Este patrón complementario facilita la polinización cruzada entre ambos tipos, asegurando una buena producción de frutos.

De igual forma, el almendro requiere polinización cruzada, lo que significa que se necesitan al menos dos variedades diferentes que florezcan a la vez para que las abejas transfieran el polen entre sus flores. En contraste, los cítricos no dependen de la polinización para la producción de frutos, lo que simplifica su manejo agrícola.

Para asegurar el éxito en tu huerta, es fundamental que comprendas las necesidades de polinización y las características de floración de cada tipo de árbol. Además de facilitar la producción de frutos, la polinización contribuye a la biodiversidad y sostenibilidad de los ecosistemas.

Las particularidades de la guaba

La guaba es una fruta muy valorada en Ecuador y se encuentra en diversas variedades que prosperan en regiones tropicales. En estos climas cálidos, las semillas germinan casi de inmediato debido a las favorables condiciones. Esto limita su capacidad de almacenamiento en comparación con las semillas de frutas de climas templados, como el hueso de un melocotón, que puede conservarse durante años antes de ser plantado.

En una ocasión, un amigo me regaló una semilla de guaba que ya estaba germinando. La planté en mi jardín y creció muy rápido, por lo que ahora dispongo de un árbol que produce esta fruta tan peculiar. La guaba forma una vaina que, al madurar, se abre para revelar las semillas envueltas en una pulpa blanca y suave, parecida al algodón de azúcar y con un sabor muy agradable.

Esta planta proporciona numerosos beneficios para la salud, especialmente en la prevención de enfermedades cardiovasculares gracias a sus propiedades antioxidantes. Su alto contenido de fibra regula el sistema digestivo, previniendo el estreñimiento y facilitando la eliminación de toxinas, además de contribuir a la reducción de los niveles de colesterol en la sangre. Rica en vitamina A, es favorable para la salud ocular, el buen funcionamiento neurológico y el cuidado de la piel. A su vez, actúa como un antiinflamatorio natural, siendo ideal para aliviar el reumatismo y apoyar la recuperación tras entrenamientos intensos.

Preservación de la ciruela huevo de toro

La ciruela "huevo de toro" solía cultivarse en el sureste de España, en una pequeña región que hoy en día apenas conserva algunos de estos árboles. Se distingue por su forma ovalada y alargada y de color verde, de ahí su nombre. Su dulzura y acidez la hacen perfecta tanto para el consumo fresco como para la elaboración de mermeladas y compotas. Además, es beneficiosa para la digestión, pues ayuda a combatir el estreñimiento.

He asumido la tarea de preservar esta variedad de ciruelo, reproduciéndola y compartiéndola para evitar su pérdida. Al clonarla y plantarla en diferentes ubicaciones, contribuyo a su conservación.

Es crucial tener en cuenta que plantar grandes cantidades de una sola especie es problemático en caso de plaga, ya que la falta de diversidad causa daños extensos. Por lo tanto, aunque la conservación de estas plantas tradicionales es apasionante y esencial, es necesario asegurar la diversificación para mantener la salud de nuestros cultivos.

Adaptación al suelo mediante el uso de portainjertos

El suelo también desempeña un papel crucial en el crecimiento y desarrollo de los árboles, afectando directamente su capacidad para absorber nutrientes. Por ejemplo, los suelos alcalinos contienen elementos insolubles que dificultan la asimilación de nutrientes esenciales para especies como los cítricos, adaptadas a suelos ácidos. Esto provoca un crecimiento deficiente, una merma en la producción y calidad de su fruto e incluso la muerte del árbol.

Para abordar este problema, recomiendo utilizar portainjertos que se adapten a suelos alcalinos, como el *Citrus macrophylla.* Injertar un cítrico sobre este portainjerto permite cultivar un árbol que producirá frutas abundantes y saludables en condiciones que de otro modo serían desfavorables.

Otro caso interesante es el del melocotonero, que también prefiere suelos ácidos. En la década de 1950, se hibridó con el almendro, que es resistente a suelos alcalinos. Aunque estas plantas no se cruzan de manera natural debido a sus diferentes hábitats (el melocotón es originario de China y el almendro de Asia Central y el Medio Oriente), la hibridación (por cercanía) entre ellas dio lugar a un portainjerto que combina la resistencia del almendro a suelos alcalinos con las cualidades del melocotonero. Los portainjertos resultantes se adaptan muy bien, dando lugar a ejemplares sanos y duraderos. Si tienes pensado adquirir un melocotonero con este portainjerto, te recomiendo el más usado y famoso que es el GF 677 creado por INRA en la Estación Grande Ferrade (Burdeos, Francia). Con este código te asegurarás de que te vendan una combinación óptima.

Algunos árboles, como los cítricos, pueden llegar a ser centenarios, mientras que otros, como ciertos melocotoneros, tienen una vida productiva de unos 15 años. Cuando un árbol comienza a declinar, una estrategia efectiva es cultivar un nuevo portainjerto cerca del árbol envejecido, injertar esa variedad en el nuevo portainjerto y luego cortar el ejemplar viejo. Además, para evitar el cansancio del suelo, es importante usar un portainjerto que tolere las repeticiones.

Todo ello te permitirá continuar con la producción de la planta deseada sin interrupciones.

La historia de Andrés y la salinidad de los suelos

En capítulos anteriores, te mencioné a Ambrosio, el agricultor que enfrentaba problemas debido a sus suelos arcillosos. Ahora, quiero contarte sobre su hermano Andrés, quien también me contactó porque tenía dificultades con el cultivo de limoneros en su finca. A pesar de contar con amplias hectáreas dedicadas a estos árboles, su producción era muy baja. Los limoneros presentaban caída prematura de las hojas y escasez de frutos, lo que llevó a Andrés a considerar la posibilidad de eliminar toda la plantación.

Desesperado, solicitó mi ayuda. Al analizar el suelo, identifiqué que la principal dificultad era la salinidad, que causaba síntomas como el quemado de las hojas en los bordes y su caída, lo cual impedía la producción de frutos.

Llevé a cabo un análisis de savia de peciolo para evaluar los niveles de microelementos en las hojas y descubrí que el exceso de agua estaba impidiendo la absorción de nutrientes y causando asfixia en las raíces. La salinidad había alterado la estructura del suelo, volviéndolo compacto y dificultando el paso de oxígeno. Para abordar estos problemas, recomendé la aplicación de yeso y otros productos naturales.

En el primer año tras la intervención, una sola parcela produjo la misma cantidad de limones que toda la finca en años anteriores. En la segunda campaña, el terreno se había recuperado por completo y alcanzaba altos niveles de producción.

Los cítricos son muy resilientes y se regeneran rápido cuando reciben el cuidado adecuado. Esto no ocurre con los frutales de hueso (drupáceas), como los melocotoneros y ciruelos, que son menos adaptables y presentan dificultades para su recuperación.

Ante estas circunstancias, es importante tratar el suelo de manera integral y no solo en áreas aisladas. Aunque la finca de Andrés estaba dividida en parcelas, el enfoque global permitió restaurar la salud de todos sus terrenos.

Selección del portainjerto

Si no seleccionas el portainjerto correcto, dedicarás varios años a cuidar un árbol sin obtener frutos, lo cual ocurre con frecuencia cuando se compran plantas sin considerar sus particularidades ni las condiciones del terreno. Un patrón inadecuado dará como resultado árboles con escaso follaje y una cosecha mínima. En estos casos, la única opción suele ser cortarlos y empezar de nuevo, lo que implica una considerable pérdida de tiempo y recursos.

Entre los portainjertos más comunes se encuentran el membrillero, que se utiliza para injertar sobre el peral y el níspero, pero debes conocer sus características específicas. Por ejemplo, el membrillero (el árbol cuyo fruto es el membrillo), a pesar de ser fácil de reproducir y ofrecer buenos resultados en viveros, no se adapta bien a suelos alcalinos, donde su producción es baja o nula. En esos terrenos es necesario optar por portainjertos que sean resistentes a la alcalinidad.

Al comprar un árbol frutal, te aconsejo que elijas ejemplares de aproximadamente dos años de edad. Aunque los más grandes parezcan una mejor opción, en realidad tienen más dificultades para adaptarse al terreno. Esto ocurre porque, al ser trasplantados, requieren la eliminación de más raíces, lo cual ralentiza su crecimiento y desarrollo.

Invierte tiempo en investigar y seleccionar correctamente tu portainjerto, esto marcará la diferencia entre un árbol que prospere y uno que ocupe espacio sin ofrecer buenos resultados; mejor perder un año para conseguir la combinación adecuada que diez por precipitarse en plantar por plantar.

El caso del Citrus volkameriana y la tristeza de los cítricos

El *Citrus volkameriana* es un tipo de limón que fue muy utilizado debido a su resistencia a la *tristeza* de los cítricos, un virus devastador que afectó a millones de árboles en muchas regiones del mundo, incluida España y Sudamérica. Esta enfermedad dañaba sobre todo a los cítricos injertados sobre naranjo amargo, lo que obligó a renovar la citricultura en prácticamente todo el planeta.

El volkameriana fue seleccionado como portainjerto por su resistencia a la enfermedad y su capacidad para generar árboles más grandes y productivos. Sin embargo, después de cuatro o cinco años, los árboles comenzaron a ponerse amarillos y dejaron de producir, lo que obligó a los agricultores a arrancarlos. Aunque el portainjerto resistía la *tristeza*, no era adecuado para ciertos suelos como los alcalinos, ocasionando un gran fracaso.

También usamos el portainjerto mandarino Cleopatra, que estaba mejor adaptado a estas tierras, pero producía poco, con frutos pequeños y tardíos. Por último, probamos con el *Citrus macrophylla*, un portainjerto que tolera los suelos alcalinos y algo salinos con producciones muy altas. Aunque en los textos agronómicos se dice que es sensible a la *tristeza*, **tras más de 30 años, no se ha registrado la muerte de un solo árbol injertado sobre *macrophylla*, lo que evidencia su efectividad.**

Para que comprendas mejor este fenómeno, te explicaré la forma en que los cítricos manejan el virus de la *tristeza*. Existen dos mecanismos principales: la **tolerancia**, en la que el virus se desarrolla dentro del árbol sin causar daños significativos, y la **hipersensibilidad**, donde las células del árbol mueren rápidamente alrededor del virus, formando algo similar a un cortafuegos que impide su propagación.

El problema aparece cuando se injerta una variedad tolerante sobre un portainjerto hipersensible. En este caso, el virus se desarrolla en la parte superior del árbol, pero al llegar al punto de injerto, se encuentra con la barrera del portainjerto hipersensible, lo que provoca el colapso y la muerte del árbol.

Cuando es una variedad tolerante, el portainjerto debe serlo también. Y cuando es hipersensible es indiferente.

Por ejemplo, en el caso del limonero —que es hipersensible—, puede injertarse sobre naranjo amargo que también lo es. Por otro lado, los naranjos y las mandarinas son tolerantes y no deben injertarse sobre el naranjo amargo.

Ignorar estos principios conlleva años de esfuerzo sin resultados. Por ello, es fundamental compartir este conocimiento para que estos errores no se repitan.

Los hermanos Aquilinos y su cultivo de limoneros

En la región de Murcia, España, tres hermanos apodados Aquilinos enfrentaban dificultades con sus limoneros, que apenas producían frutos. A pesar de haber injertado sus árboles en portainjertos de *Citrus macrophylla*, el suelo alcalino de la zona dificultaba la absorción de zinc y manganeso, sobre todo al utilizar fertilizantes químicos.

Estos árboles atraviesan una fase de cuajado, en la que determinan cuántos limones pueden mantener y cuántos deben dejar caer. A su vez, enfrentan plagas que se comen sus flores, por lo que como mecanismo de defensa producen muchas más flores de las necesarias, hasta 25 veces más. Por lo tanto, en cuanto llega el momento de formar los frutos, necesitan soltar algunos para no sobrecargarse. Sin embargo, si presentan deficiencias de ciertos nutrientes, como zinc o manganeso, terminan soltando más frutos de lo normal, lo que reduce la cosecha. Esto era lo que ocurría con los limoneros de los hermanos.

Tras analizar la situación, les recomendé un tratamiento específico: rociar las hojas con microelementos más aminoácidos para mejorar su absorción. Después de aplicar esta solución, la caída excesiva de frutos se detuvo. Desde entonces lo hacen una vez al año y no han vuelto a sufrir problemas con sus cultivos.

Esto ocurrió hace más de 20 años, y hasta hoy continúo asesorándolos para garantizar que sus árboles sigan siendo productivos. Con esta historia quiero resaltar la importancia de comprender y manejar adecuadamente los elementos del suelo y la nutrición de las plantas para asegurar unas cosechas exitosas.

Marcos de plantación

Cada especie de árbol requiere una distancia específica para crecer. Por ejemplo, los mandarinos necesitan un espacio de 6x4 metros (ancho x profundidad), los naranjos 6x5 metros y los limoneros 7x6 metros. Si se plantan demasiado juntos, competirán entre sí por el terreno, la luz solar (imprescindible) y los nutrientes, lo que ocasionará un crecimiento vertical excesivo y una producción limitada.

La mayoría de los frutales generan sus frutos en ramas con una inclinación de aproximadamente 45 grados que reciban luz; por lo tanto, las ramas verticales reducen la cosecha. Si ya los árboles se han plantado demasiado cerca, una solución es podar algunos para que otros puedan expandirse. A medida que los favorecidos ocupen más espacio, los demás podrán eliminarse de manera gradual, evitando un impacto drástico. De esta forma, se mantendrá cierta producción mientras se ajustan las distancias.

A continuación, puedes descargarte una guía sobre qué portainjertos son los más adecuados para cada tipo de suelo y especie frutal y con el detalle de las separaciones recomendadas para las distintas especies de árboles. Ten en cuenta que estos datos pueden variar según las condiciones locales y las prácticas de manejo utilizadas:

https://esc.anea.me/rn_30

Te recomiendo que respetes estas distancias desde el inicio del cultivo. Si bien los árboles crecerán bien durante los primeros años, tendrán serios problemas al momento de producir frutos si no disponen del espacio adecuado.

Ajuste de marcos de plantación en Egipto

Durante mi estancia en Egipto, observé un problema común en el cultivo de limoneros, ya que los plantaban siguiendo el mismo esquema de distancia recomendado para los mandarinos. Al no respetar las separaciones necesarias, la producción era muy baja, incluso en fincas que abarcaban miles de hectáreas.

Para resolver esta situación, implementé una estrategia de poda alternativa (reduciendo uno sí, y otro no). Esto proporcionó a los árboles más espacio y recursos, lo que dio como resultado un notable incremento de la producción, pasando de 20.000 a 70.000 kilos de limones por hectárea en solo un año.

El método de ajustar el espacio y permitir que algunos árboles se desarrollen más ha demostrado ser eficaz en numerosas ocasiones, convirtiendo fincas poco productivas en terrenos de gran rendimiento en un corto período de tiempo.

La variedad de olivo Kalamata

En uno de mis viajes a Egipto, me encontré con la variedad de olivo Kalamata, conocida por sus aceitunas de alta calidad, perfectas para elaborar aliños. Su nombre proviene de la ciudad de Kalamata, ubicada en el sur de Grecia, donde se cultivaron por primera vez.

A diferencia de la mayoría de los olivos, que suelen propagarse a partir de esquejes, el olivo Kalamata necesita ser injertado sobre otra variedad. Esto se debe a que sus raíces son menos vigorosas y presentan dificultades para prosperar en suelos con condiciones más exigentes.

Tras probar las aceitunas Kalamata, reconocibles por su forma ovalada, color púrpura oscuro y sabor intenso, decidí traer una planta a España para evaluar su adaptación a nuestro entorno. En esta región, el suelo es más favorable, por lo que el olivo creció sin necesidad de injerto. No obstante, aunque se trata de una variedad excepcional, su limitada capacidad de adaptación a ciertos terrenos implica que no es adecuada para todas las zonas si no se injerta.

De esta experiencia, me gustaría destacar la importancia de ajustar las técnicas de cultivo a las condiciones locales para lograr resultados óptimos.

Hojas comestibles: el árbol del curry, la hoja del aguacate y la moringa

Además de proporcionarnos frutas, algunos árboles nos ofrecen hojas comestibles. En la India, el *Murraya koenigii*, conocido como "el árbol del curry", es muy apreciado por sus hojas aromáticas.

Estas hojas emiten un aroma intenso, similar al de la salvia con matices picantes y cítricos, y son un ingrediente básico en la cocina india. Se utilizan tanto frescas como secas en una amplia variedad de recetas, desde arroces hasta preparaciones con pollo y cordero.

De igual forma, el aguacate (que pertenece a la misma familia que el laurel) no solo es famoso por su fruto, sino también por sus hojas, que son muy usadas en la cocina mexicana. Sirven para aromatizar y sazonar diversos platos culinarios, gracias a su aroma similar al anís y su sabor un poco dulce con un toque de nuez.

Estas hojas poseen propiedades medicinales y se emplean en infusiones para aliviar el dolor, reducir las inflamaciones y combatir la fatiga. También ayudan con el insomnio, el malestar estomacal y las infecciones urinarias.

Por otro lado, la moringa ayuda a tratar problemas de salud como la diabetes, hipertensión, colesterol, gastritis, colitis, dolores de articulaciones, migraña, problemas de circulación y anemia. Puedes añadirla en tu ensalada, tomarla como infusión, en una tostada e incluso en polvo cruda con agua.

Una nueva mirada al cultivo de árboles

Espero que al concluir este capítulo, en el que hemos abordado tantos temas relevantes, aprecies más la oportunidad de incorporar árboles en tus terrenos y disfrutar de sus beneficios.

Por mi parte, te muestro algunas recomendaciones tanto de árboles cítricos como frutales:

https://esc.anea.me/rn_31

https://esc.anea.me/rn_32

A lo largo del libro te ofreceré más pautas para que soluciones cualquier problema que surja en tu huerto y obtengas un mejor rendimiento de tus cultivos. Estoy aquí para orientarte y ayudarte a alcanzar tus metas.

En las siguientes páginas, continuaremos adentrándonos en el mundo del huerto urbano. ¡No te pierdas lo que viene a continuación!

Capítulo 6

PASOS PARA LA CREACIÓN DE UN HUERTO URBANO

"En ningún sitio soy tan feliz como en mi huerto. Es el lugar más seguro del mundo. Conozco todas las plantas, todos los árboles, todas las piedras, todos los terrones de arcilla".

"La dama y el unicornio", Tracy Chevalier

Ahora que ya conoces algunos conceptos fundamentales sobre la gestión del suelo y el cuidado de las plantas, nos adentraremos en el proceso de creación de un huerto urbano, que es el propósito central de este libro.

Ya sea que participes en un huerto comunitario o decidas establecer uno en tu propio patio, balcón o terreno, en las siguientes páginas te guiaré paso a paso para que aprendas cómo crearlo y mantenerlo. Estás a punto de alcanzar tu objetivo: cultivar con éxito tus propios alimentos.

Organización del espacio de trabajo

El primer paso para crear tu huerto urbano es definir el área de cultivo y planificar su distribución, para que cada especie vegetal ocupe un lugar adecuado. Te sugiero que, elabores un detallado esquema en tu Cuaderno de Trabajo, indicando la ubicación de los árboles —si decides incluirlos—, así como la de las hortalizas y otras plantas. Esta planificación te ayudará a aprovechar mejor el espacio y a favorecer el crecimiento de cada cultivo.

Uno de los factores esenciales a tener en cuenta es la cantidad de luz solar que recibe el área, ya que, generalmente, las plantas necesitan entre seis y ocho horas diarias de luz directa para realizar la fotosíntesis. Además, deberás proteger los cultivos de elementos adversos, como el viento, que puede secar el suelo rápidamente o causar daños en las plantas. Si tu huerto está expuesto a fuertes corrientes de aire, te sugiero que instales barreras cortavientos (por ejemplo, con tela mosquitera) o plantes especies más resistentes que funcionen como cortavientos.

También necesitarás disponer de un espacio bien equipado para almacenar y utilizar las herramientas y recursos que te permitan mantener el huerto en condiciones óptimas. Lo ideal es contar con un local de entre 10 y 20 metros cuadrados, según tus necesidades, que esté bien iluminado. A continuación, te detallo una lista de elementos útiles para incluir en tu caseta:

1. Herramientas básicas de jardinería:

- **Pala:** Indispensable para cavar, remover tierra y trasplantar.
- **Azada:** Perfecta para quitar la maleza, remover la tierra y preparar el suelo para la siembra.
- **Rastrillo:** Ayuda a nivelar la tierra y recoger hojas o restos de cultivos.
- **Tijeras de podar:** Para controlar el crecimiento de los cultivos y podar plantas.
- **Regadera:** Aunque cuentes con un sistema de riego, resulta útil para áreas específicas que requieren atención.
- **Guantes de jardinería:** Protegerán tus manos.

- **Carretilla:** Para transportar tierra, compost o herramientas pesadas.

- **Sombrero y protector solar:** Para las largas horas de sol.

- **Ropa de trabajo y botas impermeables:** Te brindan comodidad y protección frente al agua y el barro.

2. ***Equipos para el cuidado del suelo y los cultivos:***

- **Sustratos y abonos:** Es recomendable que dispongas siempre de sustrato de calidad (si cultivas en macetas o contenedores) y abono orgánico, como compost, humus de lombriz o pellet de estiércol, para enriquecer el suelo.

- **Macetas y bandejas de germinación:** Para iniciar las plantas desde semilla y controlar su crecimiento.

- **Fertilizantes y controladores biológicos:** Productos naturales que nutren las plantas y controlan plagas sin dañar el medioambiente.

3. ***Elementos de conservación y procesamiento:***

- **Nevera pequeña:** Útil para almacenar productos cosechados, insumos que necesiten refrigeración o para mantener las semillas que duran mucho más tiempo en frío.

- **Pica o fregadero:** Para lavar frutas, verduras y herramientas, manteniendo todo limpio.

- **Cocina u hornillo:** Permite preparar conservas y evitar el desperdicio de excedentes.

- **Deshidratadora:** Prolonga la vida útil de los alimentos mediante el secado, sin necesidad de refrigeración.

4. *Otros elementos esenciales:*

- **Mesa de trabajo:** Amplia y resistente para tareas como el trasplante, la poda o la preparación de semilleros.

- **Estanterías:** Para organizar herramientas, macetas y otros materiales.

- **Botiquín de primeros auxilios:** Es crucial tener uno a mano en caso de pequeños accidentes o cortes durante el trabajo.

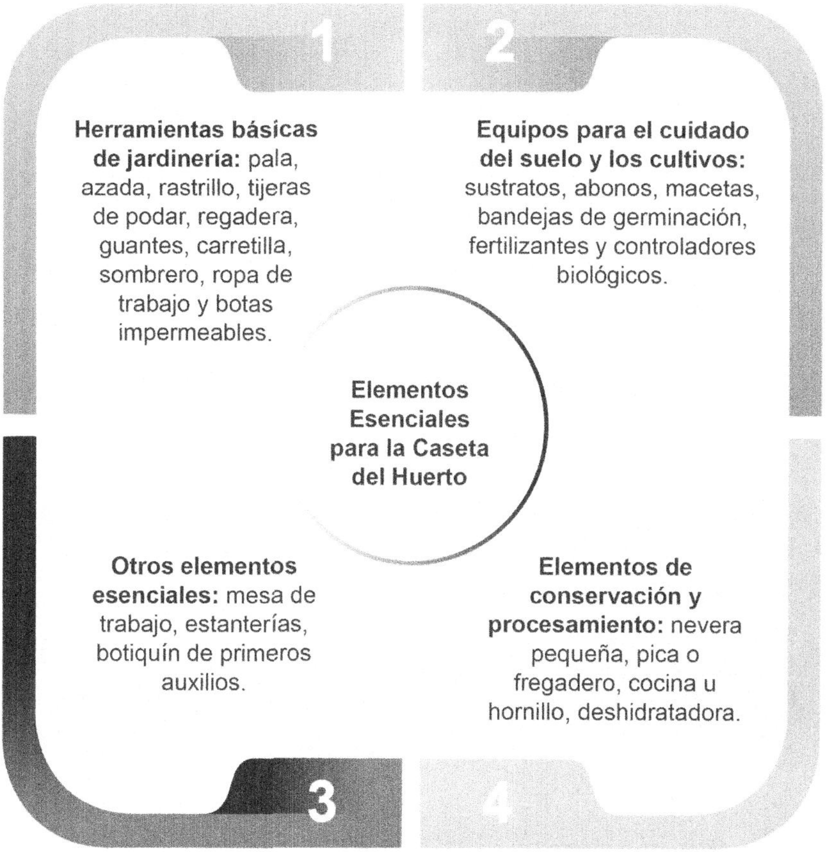

Con estos materiales, dispondrás de todo lo necesario para cuidar tu huerto y procesar y conservar los productos que obtengas.

Formato del huerto: líneas o camas

El siguiente paso en la creación de tu huerto es decidir el formato que utilizarás, ya sea en líneas o camas elevadas. Ambos métodos ofrecen ventajas y desventajas, por lo que tu elección dependerá del tipo de plantas, el espacio disponible y las condiciones del suelo.

El formato de camas elevadas implica crear áreas delimitadas donde el suelo se eleva por encima del terreno natural. Este sistema resulta muy útil cuando el suelo presenta baja calidad o problemas de drenaje, ya que las camas permiten mejorar el sustrato, controlar la humedad y evitar la compactación. Además, facilitan el acceso a las plantas sin necesidad de agacharse tanto, lo que disminuye el esfuerzo físico.

Las camas elevadas también permiten plantar con mayor densidad, lo cual es excelente para aprovechar los lugares reducidos. No obstante, dicha densidad puede generar competencia entre las plantas por luz y nutrientes, sobre todo en cultivos de gran volumen, como las cucurbitáceas (melones, sandías, calabazas), que requieren más espacio horizontal para extenderse.

En contraste, el formato en líneas se basa en la siembra de las plantas en hileras separadas, lo que facilita tareas como el deshierbe, la poda y el riego. Las líneas favorecen la ventilación entre las plantas, reduciendo la humedad y minimizando el riesgo de enfermedades por hongos, que suelen ser más frecuentes en cultivos densos.

Este formato es especialmente efectivo para cultivos que necesitan más espacio de crecimiento, como melones, boniatos o pepinos, ya que favorece una mejor distribución de las plantas, asegurando que reciban la cantidad adecuada de luz solar. Aunque las líneas tienden a usar menos intensivamente el espacio, la separación entre plantas optimiza el rendimiento de cada cultivo.

Personalmente, siempre opto por las líneas debido a su funcionalidad y facilidad para el mantenimiento del huerto. En cuanto a los cultivos que se extienden más, simplemente aumento el ancho de las líneas.

Análisis y corrección del agua y el suelo

Una vez avanzado el proyecto, es importante que lleves a cabo un análisis del suelo y del agua para ajustar las condiciones del terreno y del riego a las particularidades de las plantas. Estos resultados determinarán qué cultivos puedes sembrar y cómo potenciar su crecimiento.

El análisis del suelo, realizado en laboratorios especializados, te proporcionará información sobre su textura (arenosa, arcillosa o limosa), el pH, la concentración de nutrientes esenciales como nitrógeno, fósforo y potasio, y su capacidad para retener agua. La textura influye directamente en la gestión del riego: los suelos arcillosos retienen mayor cantidad de agua y requieren menor frecuencia de riego pero con más abundancia, mientras que los suelos arenosos drenan más rápido y necesitan riegos más frecuentes pero de menos cantidad.

De igual forma, es crucial que evalúes la calidad del agua de riego para saber su salinidad y los niveles de sodio, magnesio, cloro, calcio, etc. También la presencia de posibles contaminantes, como nitratos.

Un alto nivel de sal en el agua dificulta la absorción de nutrientes, lo que afecta a cultivos sensibles como pimientos o judías. Si el agua contiene desinfectantes, como por ejemplo hipoclorito, déjala reposar en depósitos para que este se evapore de forma natural; con un día es suficiente. También es posible utilizar el agua tal como se encuentra, siempre que las condiciones lo permitan, y corregir sus efectos aplicando enmiendas al suelo.

Si los resultados revelan un alto contenido de sal, una solución es aplicar yeso agrícola, el cual fortalece la estructura del suelo al desplazar el sodio. Por otra parte, utiliza fertilizantes fosfatados para corregir la deficiencia de fósforo, y añade estiércol o compost para aumentar la materia orgánica. Estas enmiendas garantizan el equilibrio en el terreno, previenen problemas a largo plazo y favorecen el desarrollo de los cultivos.

Para ilustrarte mejor, te presento estos ejemplos de análisis de suelo y agua, así como los parámetros clave a considerar según los márgenes estándar que se aplican en laboratorios de España.

Si necesitas analizar tu propio suelo, puedes solicitarlo en el laboratorio al que yo suelo acudir:

PARÁMETRO	MUY BAJO	BAJO	MEDIO	ALTO	MUY ALTO
Conductividad eléctrica (25ºC, 1 / 5) (mmhos / cm)	0 - 0,2	0,2 - 0,4	0,4 - 0,7	0,7 - 1,2	1,2 - 4
Cloruro soluble en agua (1 / 5) (meq / 100gr)	0 - 0,2	0,2 - 0,4	0,4 - 1,2	1,2 - 2,3	2,3 - 10
Sulfato soluble en agua (1 / 5) (% yeso)	0 - 0,129	0,129 - 0,26	0,26 - 0,65	0,65 - 0,86	0,86 - 3
Sodio asimilable (Suelo Ligero) (meq / 100 gr)	0 - 0,3	0,3 - 0,6	0,6 - 1	1 - 1,5	1,5 - 10
Sodio asimilable (Suelo Medio) (meq / 100 gr)	0 - 0,45	0,45 - 0,9	0,9 - 1,5	1,5 - 2,25	2,25 - 10
Sodio asimilable (Suelo Pesado) (meq / 100 gr)	0 - 0,6	0,6 - 1,2	1,2 - 2	2 - 3	3 - 10
pH (1 / 2,5 en agua)	0 - 5,5	5,5 - 6,5	6,5 - 7,5	7,5 - 8,5	8,5 - 14
Caliza activa %	0 - 3	3 - 6	6 - 10	10 - 15	15 - 30
Caliza total %	0 - 5	5 - 10	10 - 25	25 - 50	50 - 100
Materia orgánica total %	0 - 1	1 - 2	2 - 3	3 - 4	4 - 10
Carbono orgánico total %	0 - 0,58	0,58 - 1,16	1,16 - 1,74	1,74 - 2,32	2,32 - 5,8
Relación Carbono / Nitrógeno	0 - 6	6 - 9	9 - 12	12 - 15	15 - 30
Nitrógeno Kjeldahl %	0 - 0,05	0,05 - 0,125	0,125 - 0,2	0,2 - 0,3	0,3 - 1,18
Fósforo asimilable (ppm)	0 - 10	10 - 35	35 - 70	70 - 150	150 - 500
Potasio asimilable (Suelo Ligero) (meq / 100 gr)	0 - 0,25	0,25 - 0,4	0,4 - 0,75	0,75 - 1,25	1,25 - 5
Potasio asimilable (Suelo Medio) (meq / 100 gr)	0 - 0,3	0,3 - 0,6	0,6 - 0,9	0,9 - 1,5	1,5 - 5
Potasio asimilable (Suelo Pesado) (meq / 100 gr)	0 - 0,35	0,35 - 0,7	0,7 - 1,05	1,05 - 1,75	1,75 - 3
Calcio asimilable (Suelo Ligero) (meq / 100 gr)	0 - 3	3 - 6	6 - 8	8 - 12	12 - 15
Calcio asimilable (Suelo Medio) (meq / 100 gr)	0 - 4,5	4,5 - 8	8 - 11	11 - 12	12 - 20
Calcio asimilable (Suelo Pesado) (meq / 100 gr)	0 - 6	6 - 10	10 - 14	14 - 16	16 - 22
Magnesio asimilable (Suelo Ligero) (meq / 100 gr)	0 - 0,5	0,5 - 1	1 - 2,5	2,5 - 3,5	3,5 - 15
Magnesio asimilable (Suelo Medio) (meq / 100 gr)	0 - 0,75	0,75 - 1,5	1,5 - 4,5	4,5 - 8	8 - 15
Magnesio asimilable (Suelo Pesado) (meq / 100 gr)	0 - 1	1 - 2,5	2,5 - 5	5 - 8	8 - 12,5
Hierro asimilable (ppm)	0 - 2	2 - 4	4 - 6	6 - 10	10 - 100
Manganeso asimilable (ppm)	0 – 0,5	0,5 – 1,2	1,2 – 3,5	3,5 – 6,0	6 - 100
Zinc asimilable (ppm)	0 - 0,5	0,5 - 1	1 - 3	3 - 5	5 - 100
Cobre asimilable (ppm)	0 - 0,1	0,1 - 0,3	0,3 -0,8	0,8 - 3	3 - 100
Boro asimilable (ppm)	0 - 0,4	0,4 - 1	1 - 2	2 - 5	5 - 25

https://esc.anea.me/rn_40

Qué especies botánicas plantar y en qué momento

El próximo paso en la creación de tu huerto es determinar qué especies plantar y en qué época hacerlo. Para esto, debes considerar la estacionalidad de las plantas, ya que cada una presenta un periodo ideal de siembra. Según su preferencia por las estaciones, las plantas se agrupan en tres categorías principales:

- **Plantas de calor:** Estas especies prosperan durante la primavera, el verano y el otoño. Entre ellas se encuentran los tomates, pimientos y calabacines, que requieren temperaturas cálidas para su desarrollo.

- **Plantas de temporada intermedia:** Este grupo se siembra a finales del verano, entre mediados de agosto y octubre, y produce durante el invierno y la primavera. Un ejemplo es la lechuga, que en un clima de invierno suave se empieza a plantar a finales de verano y se cosecha entre los 60 y los 90 días según su variedad.

- **Plantas perennes:** Permanecen vivas durante todo el año y se dividen en perennes puras y vivaces. Las perennes puras, como el romero, la acedera o algunas especies asiáticas de ajos y cebollas, mantienen su estructura durante las cuatro estaciones. En cambio, las vivaces, como la alcachofa o la stevia, según la estación, atraviesan fases de dormancia o muerte parcial de la parte aérea (la que se ve). Es decir, la alcachofa permanece viva todo el año, pero su parte aérea se seca en verano y vuelve a crecer a finales de agosto o septiembre, produciendo alcachofas a partir de noviembre. La stevia, por su parte, seca su parte superior en invierno, pero la base sigue viva y retoña en primavera.

Para lograr un huerto equilibrado y productivo, te recomiendo que incluyas una combinación de estos tipos de plantas. Destina al menos el 20 % del espacio al cultivo de especies perennes, ya que garantizan una productividad continua a lo largo del año. Esto resulta muy valioso en épocas de transición, como la primavera, cuando las plantas de invierno comienzan a espigarse y las de verano aún no han iniciado su desarrollo pleno. En este periodo, las plantas perennes mantienen activo el ecosistema del huerto y aseguran una producción constante.

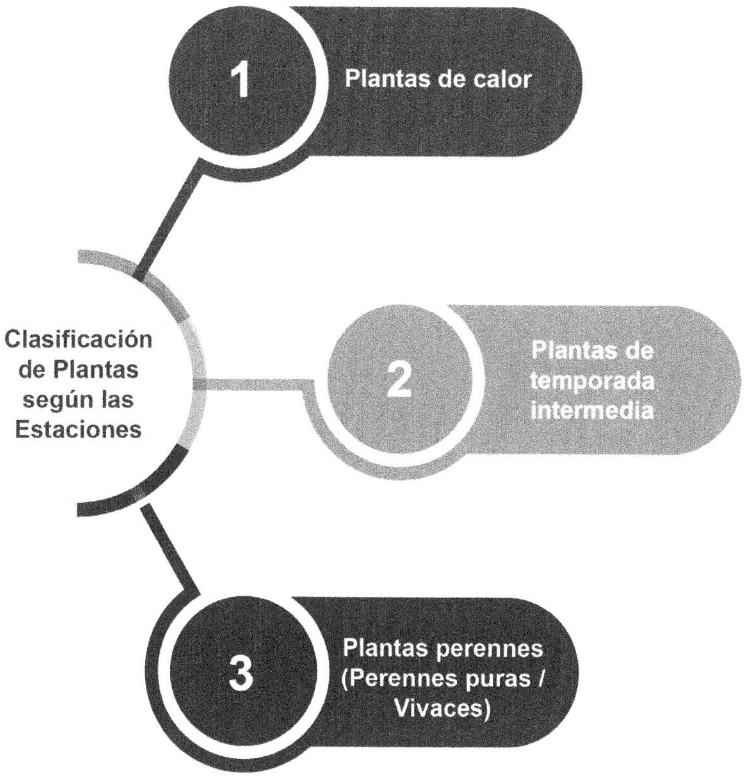

Recuerda colocar las plantas perennes en un lugar fijo del huerto, ya que sus raíces profundas hacen que los trasplantes frecuentes resulten dañinos, y una ubicación permanente facilitará su cuidado y mantenimiento. De este modo, podrás planificar la rotación de cultivos estacionales sin que interfieran con el crecimiento de estas especies clave para la estabilidad y productividad del huerto.

Limpieza del terreno

Para preparar el terreno de tu huerto, elimina cualquier obstrucción que impida el desarrollo de las raíces. Escombros como ladrillos, cemento o piedras limitan el crecimiento de las hortalizas, que generalmente poseen raíces de unos 40 centímetros de profundidad, y de los árboles, cuyas raíces suelen alcanzar aproximadamente un metro. Por esta razón, te aconsejo que limpies el terreno a una profundidad de alrededor de un metro, realizando perforaciones cada 50 metros cuadrados para verificar que no haya materiales que dificulten el progreso de los cultivos.

A su vez, este es el momento perfecto para optimizar la calidad del suelo. Aprovecha la limpieza para incorporar tierra rica en materia orgánica, lo que aumentará su fertilidad. El uso de compost (como el estiércol), el humus de lombriz o el pellet de estiércol, aportará nutrientes clave para la salud de las plantas.

Otro paso esencial es airear y mullir el suelo. Airear significa remover la tierra para facilitar la entrada de aire a las raíces, mientras que mullir implica romper los terrones grandes y mezclar el suelo para mejorar su estructura. Para estas labores, es conveniente que la tierra esté ligeramente húmeda, por lo que debes regarla unos días antes de comenzar o hacerlo aprovechando una precipitación reciente.

Después de airear y mullir, procede a nivelar el terreno. Un suelo bien nivelado facilitará la siembra y evitará problemas de drenaje, garantizando que el agua se distribuya de manera uniforme y no se acumulen charcos o zonas secas en el huerto.

Instalación del sistema de riego

En cuanto el terreno esté limpio, el siguiente paso es instalar un sistema de riego por goteo para optimizar el uso del agua, sobre todo durante el verano. Este método es eficiente porque dirige el agua a las raíces, reduciendo el desperdicio por evaporación o escorrentía. La escorrentía ocurre cuando el agua no se absorbe y fluye sobre la superficie, llevándose tierra y nutrientes.

El riego por goteo utiliza tuberías que suministran agua de manera lenta y controlada a través de goteros en las mangueras. Esto garantiza una humedad constante en el suelo, favoreciendo un crecimiento saludable de las plantas y reduciendo problemas como la proliferación de hongos, comunes en métodos como el riego por aspersión. Además, reduce la acumulación de sales en la superficie del suelo, que se generan cuando el agua se evapora.

El riego por goteo presenta una eficiencia de aplicación de agua superior al 90 %, mucho mayor que el riego por aspersión, cuya eficiencia se estima en un 75 %. Este sistema es adaptable a distintos tipos de terrenos y configuraciones de cultivo, lo que lo convierte en una solución eco-sostenible y efectiva para cualquier huerto.

Para instalar dicho sistema, debes estructurar las líneas de riego conforme a la disposición de los cultivos. En hortalizas, lo habitual es emplear mangueras con goteros integrados, separados aproximadamente cada 40 centímetros. Existen varias opciones de tuberías y cintas de riego que puedes emplear. Las cintas de riego, que son planas, poseen goteros separados cada 20 centímetros, mientras que las cintas duras, más resistentes, cuentan con goteros a una distancia de entre 20 y 30 centímetros, creando una línea continua de humedad en el suelo.

La durabilidad de las mangueras de goteo varía, pero suelen tener una vida útil de entre 10 y 15 años, dependiendo de la calidad del material y las condiciones de uso. Algunos modelos llegan a aguantar hasta 20 años con el cuidado adecuado. Te aconsejo utilizar las mangueras de polietileno de uso alimentario, que son las que más duran.

Sea cual sea el sistema que elijas, asegúrate de que cada metro lineal de riego suministre aproximadamente 5 litros de agua por hora, aunque este valor puede variar según las características del suelo y los requerimientos de las plantas. Por ello, te aconsejo revisar las especificaciones técnicas del sistema de riego para garantizar que los goteros proporcionen el caudal de agua preciso para cada tipo de cultivo.

Otro factor clave que debes tener en cuenta es la presión del agua. Si la presión supera los 1,5 bares, será necesario que instales un regulador para evitar daños en los goteros. En caso de baja presión, coloca un motor que asegure la distribución uniforme del agua en todo el sistema. Además, te recomiendo instalar un presostato, un dispositivo que te permitirá medir y ajustar la presión del agua.

El material de las mangueras influye mucho en la durabilidad del sistema de riego. Te sugiero que optes por mangueras de polietileno de uso alimentario, ya que son más fuertes y menos propensas a liberar sustancias que afecten la calidad del suelo. Asimismo, para evitar que las impurezas obstruyan los goteros, coloca un filtro entre el depósito de agua y las líneas de riego. Los filtros de anillas son más efectivos que los de malla, requieren menos mantenimiento y garantizan un flujo de agua limpio y libre de sedimentos. Es importante que los limpies de manera periódica para asegurar su correcto funcionamiento.

Recuerda utilizar tu Cuaderno de Trabajo como una especie de agenda, donde registres todo el proceso de creación y desarrollo de tu huerto. Este recurso te será útil cuando debas hacer ajustes o evaluaciones más adelante.

El riego en los marcos de plantación

Al planificar la disposición de las plantas en tu huerto, asegúrate de proporcionarles el espacio necesario para su crecimiento. Por ejemplo, si plantas lechugas, puedes poner dos de ellas a cada lado y a unos 10 centímetros de cada gotero. Cada manguera de goteo puede regar dos líneas de cultivo, y la cantidad de plantas por gotero dependerá de su tamaño. Por ejemplo, en el caso de las cebollas, puedes colocar hasta 3 cebollas en cada lado del gotero a 40 centímetros de distancia.

Para una distribución eficiente, coloca en el extremo de la manguera las plantas que se cosecharán primero. Una vez recolectadas, podrás doblar la manguera para evitar regar áreas vacías, lo que reduce el desperdicio de agua y previene el crecimiento de malas hierbas. Por ejemplo, si cuentas con 20 metros de manguera y plantas lechugas en el extremo final, que se cosechan en aproximadamente dos meses y medio, y coles a lo largo del resto de la manguera, que tardan entre tres y cinco meses en madurar, podrás doblar la punta de la manguera después de cosechar las lechugas y continuar regando solo las coles.

A continuación, te presento algunos ejemplos de distribución de cultivos respecto a los goteros:

- **Cebollas y ajos:** Plántalos cada 10 centímetros a ambos lados de la manguera para asegurar un riego uniforme.

- **Lechugas:** Coloca dos lechugas por cada gotero, una a cada lado de la manguera. Ajusta la distancia según la densidad deseada.

- **Coles:** Planta una col junto a cada gotero, ya que requieren más agua para un buen desarrollo.

- **Tomates:** Ubica una planta de tomate por cada gotero. Para las tomateras rastreras, alterna la plantación, colocando una tomatera sí y una no, para asegurar un riego equilibrado.

- **Melones:** Planta un melón sí y uno no, dejando el gotero intermedio abierto para permitir que el agua nutra y expanda las raíces.

- Árboles: Utiliza goteros externos (que sobresalen) para los árboles, ya que proporcionan un suministro controlado y prolongado de agua. Ve añadiendo goteros pinchando la manguera conforme el árbol vaya creciendo, porque tendrá mayor necesidad de agua.

Errores en la planificación de la agricultura: el "Gran Salto Adelante" y las teorías de Lysenko

Un ejemplo histórico de mala planificación en la agricultura se encuentra en los métodos promovidos por el agrónomo soviético Trofim Lysenko, los cuales también se implementaron durante el "Gran Salto Adelante" en China. Lysenko defendió una teoría agronómica incorrecta basada en la herencia lamarckiana, la cual sostenía que las características adquiridas durante la vida de una planta podían ser heredadas por sus descendientes.

Esta teoría dio lugar a prácticas agrícolas desastrosas, como la siembra excesiva de semillas a una densidad de cinco a diez veces superior a la recomendada, bajo la creencia de que las plantas crecerían mejor en condiciones de alta densidad. Esta sobrepoblación llevó a una intensa competencia entre las plantas por nutrientes y luz, lo que dio como resultado rendimientos muy bajos.

Además, las estrategias implementadas durante esta época incluyeron la eliminación masiva de gorriones y otras prácticas inadecuadas. Estas acciones desencadenaron nuevos problemas agrícolas, como la proliferación de plagas y una notable disminución en la producción de alimentos, lo que contribuyó a una severa hambruna que causó la muerte de millones de personas.

Estos ejemplos resaltan la necesidad de adoptar métodos agrícolas fundamentados en principios científicos y en la experiencia práctica. Hacerlo es crucial para evitar complicaciones a largo plazo y garantizar una producción agrícola sostenible y eficiente.

Siembra y plantación

Tras definir los marcos de plantación, es el momento de que procedas con la siembra. Te aconsejo que comiences cultivando las semillas en bandejas. Este método permite que las plantas desarrollen un cepellón, es decir, una masa de tierra alrededor de las raíces, que facilita su adaptación al nuevo entorno y reduce su estrés durante el trasplante.

Identifica el área donde el gotero moja el suelo, ya que es el lugar perfecto para sembrar. Luego, utiliza una pala fina o un punzón de jardín para realizar un agujero, coloca la planta y cúbrela con tierra alrededor. Esta técnica asegura un buen contacto entre las raíces y el suelo húmedo.

En algunos casos, como las zanahorias y los rábanos, es preferible sembrar las semillas directamente en el suelo. Distribúyelas alrededor de la manguera y entiérralas con la mano a unos pocos milímetros de profundidad. La cantidad de semillas por metro lineal varía según el tipo de planta y la densidad deseada del cultivo.

Para las zanahorias, se recomienda usar entre 2 y 3 gramos de semillas por metro lineal, mientras que para rábanos, la cantidad indicada es de aproximadamente 5 a 7 gramos por metro lineal. Con la práctica, lograrás ajustar la cantidad de semillas y evitar tanto la siembra escasa como la excesiva.

Para obtener datos más precisos sobre las cantidades óptimas de semillas y las técnicas de siembra específicas para diferentes especies, consulta fuentes especializadas, como guías agrícolas e institutos de investigación.

Mantenimiento de tu huerto

El éxito de un huerto no solo depende de una correcta siembra, sino también de un mantenimiento regular que garantice el crecimiento saludable de los cultivos. A continuación, te comento 4 aspectos principales a considerar para su cuidado:

- **Eliminación de malas hierbas:** Las malas hierbas, aunque no siempre son perjudiciales, compiten con las plantas cultivadas por recursos esenciales como agua y nutrientes. Elimina las hierbas no deseadas para evitar que interfieran con el desarrollo de los cultivos y úsalas para compostaje, devolviendo al suelo parte de los nutrientes que han absorbido.

- **Control de plagas y enfermedades:** Con regularidad, dedica tiempo a observar las plantas para detectar signos de plagas o enfermedades. Emplea métodos de control integrado, que incluyen prácticas como la rotación de cultivos y el uso de insectos beneficiosos o tratamientos biológicos.

Además, evita el uso de productos químicos para mantener un ecosistema agrícola equilibrado. Un control temprano es esencial para prevenir mayores problemas y asegurar que tu huerto se mantenga saludable.

- **Podas y entutorado:** Algunas plantas requieren poda para concentrar su energía en la producción de frutos en lugar de en las ramas o en brotes innecesarios. Este procedimiento es beneficioso en cultivos como los tomates o los pimientos, que también suelen necesitar entutorado para soportar el peso de los frutos. El entutorado, que implica el uso de soportes como estacas o cañas, ayuda a mantenerlas erguidas, previene el rompimiento por el peso y mejora la exposición al sol, lo que contribuye a un mejor rendimiento y calidad de los frutos.

- **Riego adecuado:** El riego es fundamental para el éxito de tu huerto. Cada planta presenta requerimientos específicos de agua, y tanto el exceso como la falta de riego afectan a su desarrollo. Como mencioné antes, el sistema de riego por goteo es la opción más recomendada, porque permite una distribución controlada del agua directamente en las raíces, minimizando el desperdicio y reduciendo el riesgo de enfermedades o plagas relacionadas con el exceso de humedad.

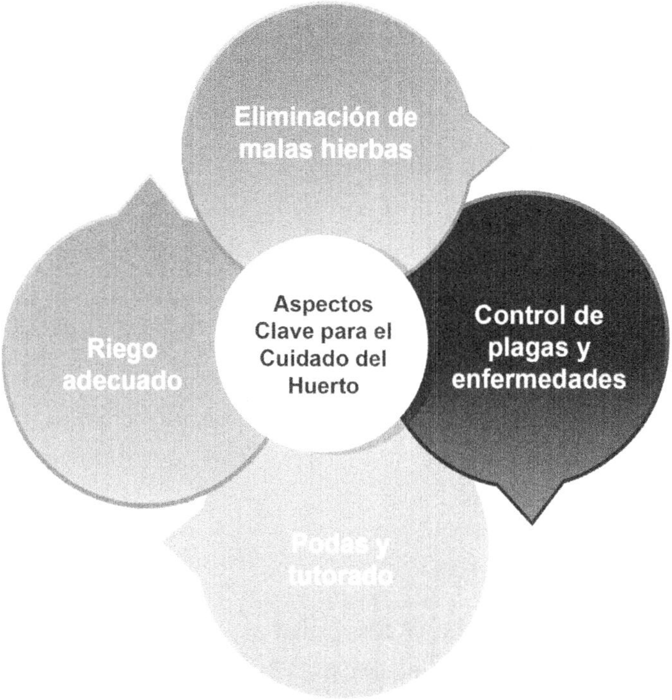

Aplicando estos conocimientos y técnicas, tu huerto prosperará y ofrecerá buenas cosechas durante todo el año.

Recolección y preparación para nuevos cultivos

La recolección es un aspecto clave en el manejo del huerto y debes realizarla en el instante preciso para asegurar la máxima calidad del producto. Para ello, monitorea regularmente las plantas y mantente atento al tiempo de maduración de cada cultivo. El mejor momento para recolectar suele ser a primera hora de la mañana, cuando las temperaturas frescas ayudan a conservar la humedad de las plantas, reduciendo el riesgo de marchitamiento posterior a la cosecha.

Utiliza las herramientas apropiadas para cortar con precisión y evitar daños en hojas, tallos o raíces. Después de la recolección, si el área ya no requiere riego y no afecta a otras plantas, dobla la manguera de goteo para interrumpir el suministro de agua en esa zona. Posteriormente, prepara el terreno para los nuevos cultivos removiendo la tierra y añadiendo nutrientes con el fin de mantener la fertilidad del suelo y asegurar otra producción exitosa.

Conservación

Tras haber recolectado los cultivos, deberás aplicar técnicas que prolonguen su conservación.

Si vas a consumir estos productos en un periodo razonablemente corto, lo ideal es guardarlos en tu frigorífico; caso contrario, debes utilizar algún medio de conservación para poder mantener su vida útil y que no se estropeen. Entre los más eficaces se encuentran:

- **Deshidratación:** Elimina la humedad de los vegetales para prevenir mohos y bacterias.
- **Congelación:** Ideal para verduras como guisantes o espinacas, que deben ser escaldadas antes de almacenarlas en bolsas herméticas.

- **Encurtido:** Consiste en sumergir los vegetales en una mezcla de vinagre, sal y especias, creando un entorno ácido que prolongue su vida útil.

Además, las hortalizas de raíz, como patatas y cebollas, puedes guardarlas en lugares frescos y ventilados durante meses para garantizar su durabilidad y calidad. Más adelante, profundizaré en estos y otros métodos de conservación.

Creación de un compostero

No quiero finalizar este capítulo sin antes hablarte de un recurso indispensable para tu huerto: el compostero. Esta estructura es esencial para reciclar materia orgánica, y puede ser de fabricación casera o comercial. Su función es descomponer restos vegetales y de comida, como cáscaras de frutas, verduras, cáscaras de huevo y restos de plantas y hierbas, para transformarlos en compost, un abono natural de alta calidad. Para la recolección de estos desechos, coloca un cubo en tu cocina y acumula allí las sobras que puedas aprovechar.

El compostero funciona de manera sencilla: añades la materia orgánica por la parte superior y mantienes el nivel de humedad mediante el riego si el material se seca.

Parte superior de un compostero

Después de un período de 6 a 8 semanas, dependiendo de las condiciones de fermentación, ya puede retirarse el compost maduro por la parte inferior.

Retirando el compost por la parte inferior del compostero

Los composteros suelen ocupar entre uno y dos metros cuadrados, y poseen compuertas en la base para la extracción del compost. En cuanto el compost esté listo, distribúyelo sobre las líneas de cultivo para optimizar la calidad del suelo. También puedes añadir estiércol animal, como el de vacas o caballos, pero evita las heces de animales domésticos debido al riesgo de transmisión de enfermedades.

Además, incorporar lombrices a tu compostero acelerará el proceso de fermentación y aumentará su calidad, ya que se reproducen rápido y descomponen la materia orgánica de forma eficiente. Las lombrices rojas de California son una opción muy utilizada. La presencia de lombrices en tu huerto es señal de un suelo saludable y lleno de vida.

Una alternativa para fertilizar el terreno son los pellets de estiércol, que son cilindros comprimidos de materia orgánica. Aplica unos 200 gramos por metro cuadrado para el estiércol común. En el caso del pellet de gallinaza, que proviene del compostaje del estiércol de gallina y presenta una mayor concentración de nutrientes, la dosis recomendada es de 120 gramos por metro cuadrado. Estos productos fomentan el crecimiento natural y equilibrado de las plantas, y es posible adquirirlos en tiendas de jardinería, viveros u otros distribuidores agrícolas.

Crear un huerto urbano puede parecerte complicado al principio, pero siguiendo los pasos que te he indicado, lo lograrás sin problemas. En resumen, esto es lo que necesitas hacer para poner en marcha tu huerto:

1. **Organiza tu espacio de trabajo:** Determina el área donde cultivarás y prepara un lugar para guardar tus herramientas.

2. **Decide el formato de tu huerto:** En líneas o en camas elevadas.

3. **Analiza y mejora el suelo y el agua:** Efectúa un análisis del suelo y el agua, y corrige las carencias de nutrientes.

4. **Elige qué plantar y cuándo:** Infórmate sobre el mejor momento para sembrar cada especie, e incluye plantas de temporada, intermedias y perennes.

5. **Limpia el terreno:** Antes de plantar, asegúrate de que el suelo esté libre de escombros y aprovecha para añadir materia orgánica.

6. **Instala un sistema de riego:** Como ya hemos visto, el sistema de riego por goteo es el más sencillo y eficiente.

7. **Organiza las plantaciones:** Deja suficiente espacio entre las plantas para que crezcan adecuadamente.

8. **Siembra y planta:** Algunas se siembran directamente en la tierra, mientras que otras se inician en un semillero (actualmente se suelen utilizar bandejas) para después trasplantarlas.

9. **Cuida tu huerto:** Garantiza el mantenimiento de tu huerto quitando las malas hierbas, controlando plagas y enfermedades, y podando las plantas que lo necesiten.

10. **Recolección y preparación para nuevos cultivos:** Cosecha en el momento correcto y prepara el terreno para nuevas siembras.

11. **Conserva lo que coseches:** Una vez que hayas recolectado tus productos, consérvalos por más tiempo con técnicas como la deshidratación, congelación o encurtido.

12. **Crea un compostero:** No tires los restos de comida o de plantas; colócalos en un compostero para transformarlos en abono natural. De esta forma, conservarás y

aprovecharás los nutrientes naturales, contribuyendo a la continuidad del ciclo de la vida.

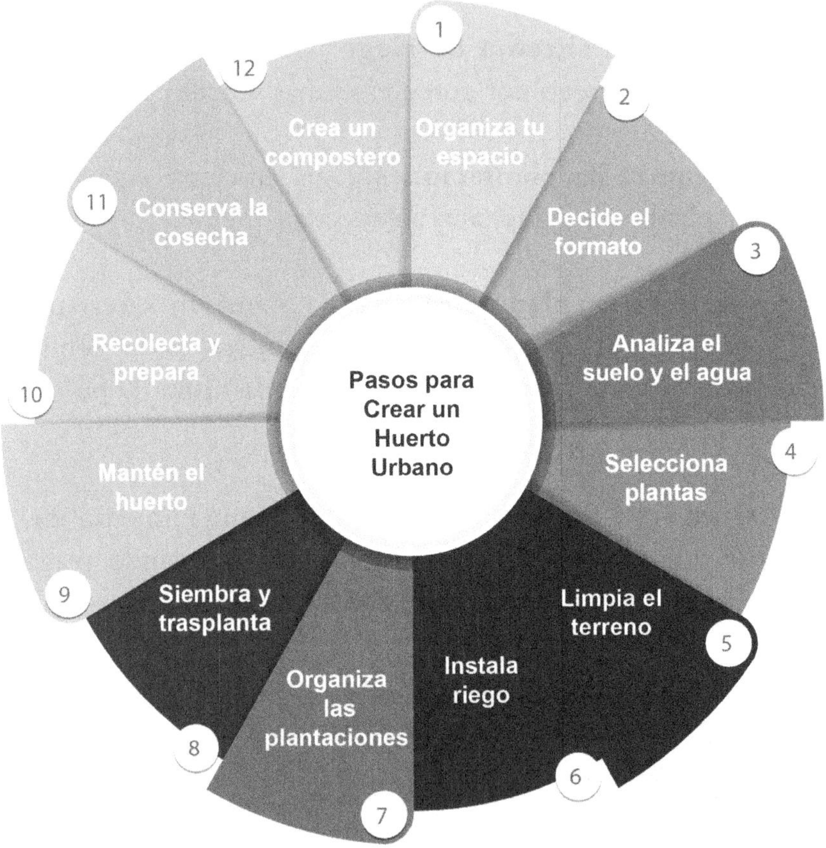

En el próximo capítulo, seguiremos ahondando en el huerto urbano, su organización y la importancia de asignar roles para su correcto funcionamiento.

¡Te espero en la siguiente página!

Capítulo 7

ROLES EN LA HUERTA

"Al menos una vez en la vida necesitaremos de un abogado, un médico o un arquitecto, pero tres veces al día, por el resto de nuestras vidas, necesitamos de un Agricultor".

Sabiduría Popular

La organización es clave en el cuidado de una huerta. Al ser un espacio donde pueden colaborar varias personas, es fundamental asignar roles dentro del equipo para optimizar el trabajo y asegurar que todos aprendan y disfruten del proceso. De esta forma, aquellos con más conocimientos guiarán a los demás hasta que adquieran las habilidades necesarias para el manejo de las plantas y el terreno.

Definir roles evitará que unos interfieran en las labores de otros y, al rotarlos, cada participante se involucrará y comprometerá más con el proyecto, desde la preparación del suelo y la siembra, hasta el riego y la cosecha. En este capítulo, te explicaré los roles básicos en un huerto y cuáles son sus responsabilidades.

El mentor

En el contexto de un huerto, el mentor es una figura principal. Es quien posee los conocimientos y la experiencia necesarios para guiar al grupo, evitando errores que afecten el rendimiento de los cultivos. Elegir un buen mentor garantizará el éxito de tu proyecto y favorecerá el aprendizaje continuo de los participantes.

A continuación, te detallo 7 aspectos esenciales que debes tener en cuenta para seleccionar un mentor adecuado:

- **Experiencia y conocimiento práctico:** Un buen mentor no solo debe poseer una sólida formación en agricultura, sino también una amplia experiencia en el manejo de plantas, suelos, técnicas de cultivo y la resolución de problemas en esta área. Conocer cómo reaccionan los diferentes tipos de cultivos y cómo tratar suelos de distinta calidad es crucial para una orientación efectiva.

- **Habilidades de comunicación:** El mentor debe ser capaz de explicar conceptos complejos de forma clara y sencilla, desde los principios básicos de cultivo hasta técnicas más avanzadas. Esto asegurará que todo el grupo comprenda cada etapa del proceso y realice las tareas correctamente.

- **Pasión y entusiasmo:** La agricultura en un huerto es gratificante, pero también supone un desafío que requiere esfuerzo. Un mentor apasionado por su labor mantendrá la motivación y el compromiso del equipo, incluso en los momentos en los que surja alguna dificultad.

- **Red de contactos:** Contar con una red de contactos en el sector agrícola es muy útil para acceder a recursos como herramientas, sistemas de riego, semillas o fertilizantes. Esto facilitará el trabajo y ayudará a obtener mejores resultados.

- **Flexibilidad y disponibilidad:** El mentor debe estar disponible para ofrecer asesoría en los momentos decisivos del proyecto, ya sea participando en reuniones, revisando los resultados de los análisis de suelo y agua, o proponiendo soluciones a los problemas que surjan. La agricultura requiere un seguimiento continuo, y una buena orientación marcará la diferencia.

- **Enfoque educativo y de apoyo:** Un buen mentor debe enseñar con paciencia y ser capaz de responder a todas las preguntas de los participantes. Además de dirigir, debe acompañar a cada miembro del equipo en su aprendizaje, ayudando a superar los retos y promoviendo el crecimiento colectivo.

- **Referencias y reputación:** Es importante evaluar la trayectoria del mentor mediante testimonios, referencias y su formación. Contar con un historial comprobado aporta confianza y asegura que guiará el proyecto de forma eficaz.

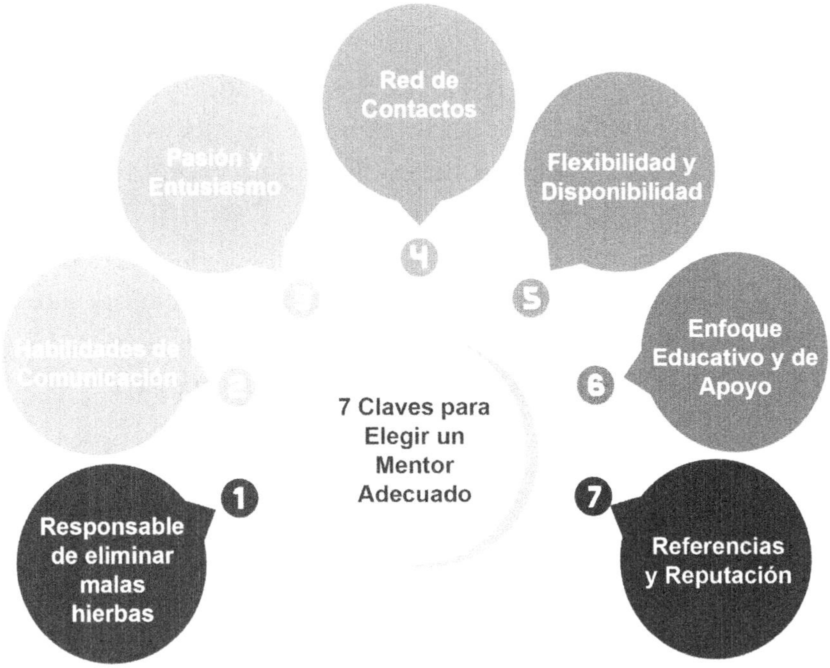

Teniendo en cuenta estos puntos, podrás elegir un mentor que te apoye de manera efectiva en la creación de tu huerta. Contar con alguien experimentado y confiable evitará muchos problemas, especialmente porque en la agricultura los resultados no se ven de inmediato. Un mal enfoque o una estrategia incorrecta generan dificultades que no se manifiestan hasta mucho después, cuando ya se ha invertido mucho tiempo y recursos.

Para quienes empiezan, siempre sugiero plantar cultivos que proporcionen resultados rápidos y sean sencillos de manejar, como las hortalizas. El tomate, por ejemplo, es una excelente opción para aprender. Aunque es exigente, permite observar su desarrollo continuo y corregir errores a tiempo. No te dejes engañar por su aparente simplicidad: un riego adecuado es importante, y también debes conocer cómo gestionarlo, ya que es muy propenso a algunas plagas, como por ejemplo Vasates lycopersici, que destruye la plantación.

Un buen mentor te ayudará a evitar estos problemas, anticipándose a los desafíos y gestionándolos de manera efectiva. ¡Con la orientación correcta, el camino será mucho más fácil!

Si quieres que yo mismo te asesore y sea tu mentor, no dudes en ponerte en contacto conmigo a través del siguiente enlace:

https://esc.anea.me/rn_50

¡Estaré encantado de ayudarte a construir el huerto de tus sueños!

David: teoría vs. práctica

En uno de mis trabajos como mentor de huertos urbanos coincidí con David, y su historia refleja una situación muy común hoy en día. Aunque contaba con estudios en agroecología, al enfrentarse al manejo práctico de un huerto, se dio cuenta de que la teoría no es suficiente.

Pese a su sólida formación académica, la falta de experiencia práctica le llevó a afrontar desafíos inesperados. En la agricultura, las variables son innumerables: el clima, el tipo de suelo, las variedades de cultivos e incluso las pequeñas decisiones diarias marcan la diferencia entre el éxito y el fracaso. Este trabajo no solo requiere conocimiento teórico; es un arte que se aprende en contacto directo con la tierra, observando, experimentando, cometiendo errores y aprendiendo de ellos.

En la actualidad, las redes sociales están llenas de *influencers* que se presentan como expertos en cultivo y ofrecen consejos que parecen útiles. Sin embargo, muchos de estos trucos no están basados en la práctica real, y quienes los siguen acaban perdiendo mucho tiempo y recursos por un asesoramiento parcial y basado únicamente en la teoría. La agricultura es un proceso complejo, y no existen soluciones rápidas ni universales. Lo que funciona en un lugar puede no ser aplicable en otro.

Por eso he decidido escribir este libro: quiero compartir lo que he aprendido a lo largo de más de 30 años de experiencia directa en multitud de países y en diversidad de climas y suelos. No te ofrezco atajos ni trucos milagrosos; te muestro cómo es en realidad el trabajo agrícola: una combinación de conocimientos, paciencia, observación y adaptación constante.

Cultivar un huerto es como construir con piezas de lego: cada pieza tiene su lugar y su momento.

Quiero que comprendas que es un proceso vivo, donde cada error y cada acierto te enseñarán algo valioso para el futuro.

Responsable de eliminar malas hierbas

Eliminar las malas hierbas es una de las tareas más importantes para mantener el equilibrio del ecosistema y garantizar una buena producción en tu huerto. Aunque algunas protegen el suelo de la erosión y fomentan la biodiversidad, su presencia suele perjudicar los cultivos al competir con las plantas por recursos como el agua, los nutrientes y la luz.

En un huerto donde el área disponible es reducida y los recursos son limitados, la presencia de malas hierbas representa un gran reto que requiere de personas atentas a esta labor. Para gestionarlo de manera eficaz, deben conocer sus características y aplicar métodos preventivos que impidan su proliferación.

Hay quienes optan por cubrir el suelo con plásticos para evitar su crecimiento, instalando debajo un sistema de riego por goteo y perforando el plástico justo donde se ubicará cada planta. Si bien este método reduce el crecimiento de malas hierbas, también genera residuos plásticos que, con el tiempo, tendrán que retirarse y gestionarse adecuadamente.

Muchos plásticos contienen compuestos químicos como los disruptores endocrinos, que son perjudiciales tanto para el medioambiente como para la salud humana, aumentando la probabilidad de desarrollar enfermedades como obesidad, diabetes, cáncer e infertilidad. En mis años de experiencia, he utilizado plásticos en algunas ocasiones, pero siempre prefiero evitar su uso.

Es más recomendable el desherbado manual, una técnica tradicional más sostenible a largo plazo y que aporta varios beneficios.

Al tratarse de una actividad accesible para todos, permite que los participantes se involucren de manera activa en el proceso productivo, fomentando el aprendizaje sobre la gestión del suelo y proporcionando una experiencia directa y gratificante con la naturaleza.

Algunos estudios sugieren que el contacto físico con el suelo ayuda a reducir la inflamación y reparar ciertos daños celulares. Aunque esto no se ha demostrado desde el punto de vista científico, quienes practican dicha conexión con la tierra aseguran que experimentan una mejora en su energía y vitalidad.

Además, pasar tiempo desherbando y en contacto con el suelo genera un efecto relajante, ayudando a reducir la ansiedad y promoviendo un mayor equilibrio en el sistema nervioso. Al desconectar del estrés diario y centrarnos en una actividad más básica, liberamos tensiones y reenfocamos la mente en lo esencial, recordándonos la importancia de volver a nuestras raíces y de vivir en armonía con la naturaleza.

Es necesario que elijas el instante ideal para eliminar las malas hierbas sin dañar los cultivos. No deben crecer en exceso, pero arrancarlas demasiado pronto dejaría el suelo expuesto, aumentando el riesgo de que vuelvan a aparecer muy rápido. Es mejor quitarlas cuando han desarrollado una estructura visible, pero antes de que florezcan y dispersen sus semillas.

Otra de las ventajas de eliminarlas manualmente es que puedes reutilizarlas para compost. Al añadirlas al compostero, las hierbas se descomponen y se convierten en un valioso recurso que te servirá para enriquecer el suelo de tu huerto.

La historia de José Miguel, su transformación hacia una agricultura más sostenible

José Miguel, un joven agricultor dedicado al cultivo de lechuga y brócoli, se encontraba con un problema recurrente: la gestión de las malas hierbas. Para evitar realizar el desherbado manual, decidió cubrir su terreno con plástico, lo que reducía la aparición de estas plantas. Sin embargo, este enfoque suponía un impacto ambiental significativo. Además del plástico, utilizaba cintas de riego desechables que, tras cada temporada, debían ser reemplazadas, generando una gran cantidad de residuos.

Con cada cosecha, las acumulaciones de plásticos y cintas se convertían en montañas de desechos, lo que me llevó a pensar en las graves consecuencias de esta práctica para el medioambiente. Al estar contaminados con tierra, estos plásticos no eran reciclables, dando lugar a un problema de difícil solución.

Cuando empecé a colaborar con José Miguel, él apenas tenía 24 años y, a pesar de su entusiasmo, le faltaba experiencia en agricultura ecológica. Mi papel fue guiarlo hacia un enfoque más sostenible. Le enseñé a implementar métodos naturales para controlar las hierbas, como la rotación de cultivos y las cubiertas vegetales, que evitan el uso de plástico y favorecen la salud del suelo. También le ayudé a instalar un sistema de riego más eficiente y duradero, eliminando la necesidad de cintas desechables.

En poco tiempo, sus cultivos crecieron más sanos y productivos, mientras que la cantidad de residuos perjudiciales prácticamente desapareció. Adoptar técnicas ecológicas le permitió optimizar la calidad de sus productos, reducir costes y generar un impacto positivo en su entorno.

Hoy en día, José Miguel es un ejemplo de cómo es posible transformar la agricultura hacia un modelo más sostenible, donde el éxito se mide no solo en términos de producción, sino también en calidad y respeto por el medioambiente.

John y la empresa de espinacas, su camino a la agroecología

El caso de John y su empresa de espinacas es otro ejemplo interesante de cómo una empresa agrícola puede transformarse hacia un modelo sostenible y agroecológico con la guía correcta. A pesar de que John es ingeniero agrónomo, no sabía cómo convertir su producción convencional de espinacas en un proyecto completamente agroecológico. Aunque pueda sorprenderte, estas técnicas no se suelen enseñar en las universidades, al menos actualmente.

Como John era una persona preparada, no entendía que ese cambio era posible, así que mi primer objetivo fue mostrarle mis propios cultivos y enseñarle los resultados que había obtenido aplicando técnicas agroecológicas. Esto le abrió los ojos a una nueva agricultura, más respetuosa con el medioambiente y eficiente a largo plazo. Durante cuatro años, trabajamos mano a mano en la gestión de las 300 hectáreas de espinacas, implementando técnicas como la rotación de cultivos, el uso de abonos orgánicos y el control natural de plagas.

Fue un proceso gradual, donde los trabajadores tuvieron que desaprender muchas prácticas convencionales y reaprender desde una nueva perspectiva agroecológica. Los primeros años necesitaron un acompañamiento constante, pero con el tiempo, la empresa alcanzó tal nivel de autosuficiencia que mis intervenciones eran mínimas.

La transformación fue evidente: se convirtieron en un referente en el sector. Mejoraron la calidad de sus espinacas, perfeccionaron la gestión de los recursos y disminuyeron el uso de insumos externos y su impacto ambiental. Esta experiencia demuestra que, con una buena orientación, incluso una empresa de gran tamaño, puede adaptarse a la agroecología, prosperar de forma sostenible y conseguir la máxima calidad de sus productos.

Encargado del riego

Supervisar y ajustar el sistema de riego también es esencial para el éxito de los cultivos, por lo que recomiendo contar con alguien que se dedique a esta tarea. Esta persona deberá conocer las necesidades hídricas de cada planta, además de estar atenta a factores como la humedad del suelo, la presión del agua y su caudal.

No se trata solo de abrir un grifo, sino de observar y medir variables como la infiltración, el drenaje y las particularidades de cada cultivo, que varían según la especie, el clima y la etapa de crecimiento. Hacer estos ajustes es crucial, ya que, como ya hemos visto anteriormente, el exceso de agua causa enfermedades fúngicas y asfixia radicular, mientras que el déficit hídrico ralentiza el desarrollo de las plantas y reduce su rendimiento.

Una buena gestión del riego contribuye a la sostenibilidad del huerto, evitando el desperdicio de agua. Recuerda que lo ideal es implementar sistemas de riego por goteo, siempre bajo la supervisión de alguien cualificado que sepa cuándo y cómo efectuar los ajustes necesarios.

El renacer del huerto de San Antón, la importancia de una buena gestión del riego

La historia del huerto urbano gestionado por el ayuntamiento, comenzó de manera prometedora, aunque con ciertos obstáculos que debimos sortear desde el primer día. Era un solar abandonado, con un terreno duro y compactado que apenas permitía la entrada de agua o nutrientes. Por ello, en cuanto empezaron a remover la tierra, insistí en la necesidad de aplicar estiércol, lo que permitió al suelo adquirir la fertilidad necesaria para sostener las futuras plantaciones.

El huerto se desarrolló con rapidez, pero entonces ocurrió algo: hubo un cambio en las directrices políticas sobre la gestión de la comunidad, y la nueva administración, menos comprometida, descuidó su mantenimiento. Las autoridades locales decidieron instalar un regulador de presión en el sistema de riego, lo que redujo el agua disponible para las plantas y dificultó nuestro trabajo. Nos vimos obligados a regar manualmente, pero el agua no se distribuía de manera uniforme en el suelo, lo que aumentó la sequedad en las raíces y afectó aún más a los cultivos.

Las plantas comenzaron a mostrar signos de estrés hídrico, como hojas amarillentas y un crecimiento más lento. A pesar de este contratiempo, con esfuerzo y una buena planificación, el huerto de San Antón renació. Ajustamos el riego y mejoramos el suelo, incorporando compost para restaurar su fertilidad.

Todo ello nos muestra que para mantener un huerto productivo, además del entusiasmo inicial, es necesaria la constancia en el cuidado del suelo, el agua y los recursos disponibles. Una mala gestión puede arruinar en poco tiempo todo el esfuerzo invertido en el proyecto.

Encargado de los semilleros

Los semilleros son una etapa clave en cualquier huerto, ya que de ellos depende el buen desarrollo de las plantas. Gestionarlos requiere conocimientos y atención continua, lo que hace indispensable asignar a una persona que se encargue de su cuidado.

Al sembrar, es importante distribuir la cantidad adecuada de semillas. Un exceso provocará competencia entre las plántulas (cuando las plantas son pequeñas), lo que afectará su crecimiento y vigor, mientras que una siembra demasiado escasa desperdiciará espacio y recursos. En la mayoría de los casos, lo ideal es colocar entre 2 y 3 semillas por alveolo o compartimento, aunque esto puede variar según el tipo de planta.

Por ejemplo, cultivos como tomates o pimientos, que requieren espacio para desarrollar raíces fuertes, necesitan menos semillas por alveolo. Una vez que las semillas germinan, las plántulas son muy frágiles, por lo que las afectaría cualquier descuido en el riego, la temperatura o la cantidad de luz.

En el huerto de San Antón, utilizan un pequeño invernadero para proteger las bandejas de semilleros. A su vez, estas bandejas cuentan con alveolos individuales que brindan a cada planta su propio espacio, facilitando su manejo y trasplante sin dañar las raíces. Son ideales para controlar el crecimiento de las plantas jóvenes y evitar que las raíces se enreden entre sí.

Antes de usar cualquier semillero, debes asegurarte de limpiarlo bien para evitar que restos de cultivos anteriores o malezas interfieran con el crecimiento de las nuevas plántulas. También ten presente que la elección de la tierra o sustrato adecuado es esencial para el éxito de la siembra.

El riego es otro aspecto básico en el cuidado de los semilleros. El agua de lluvia es la más recomendada por su pureza; sin embargo, si no puedes acceder a ella, deja reposar el agua del grifo durante una noche para reducir el nivel de cloro.

La ubicación también es importante. Debes colocar el semillero en un lugar que reciba al menos 6 horas de sol diarias, aunque en regiones con climas muy calurosos, es recomendable protegerlo del sol directo durante las horas más intensas del día, utilizando mallas de sombreo o situándolo en un lugar con sombra parcial. Recuerda mantener un nivel equilibrado de humedad en el sustrato, evitando encharcamientos que favorezcan la aparición de hongos o plagas.

Puedes crear semilleros en casa reutilizando materiales como envases de yogur, hueveras o botellas de plástico cortadas. Lo fundamental es que garantices un buen drenaje y prestes atención diaria, sobre todo en los días más calurosos, cuando las plántulas se deshidratan más rápido y necesitan riegos adicionales.

La temperatura es otro elemento a tener en cuenta. La mayoría de las semillas germinan bien en un rango de entre 15 y 20 grados. En regiones donde las temperaturas bajan mucho en invierno o la primavera es fría, podría ser necesario cubrir el semillero o trasladarlo a un lugar más protegido para mantener estas condiciones óptimas.

El semillero en la finca de Françoise

En el mundo de la agricultura sostenible existen dos corrientes muy influyentes: la permacultura (originaria de Tasmania) y la agricultura regenerativa (originaria de Brasil). Ambas se centran en el respeto por el medioambiente y en el uso de técnicas que imitan los ciclos naturales, buscando producir alimentos de forma eficiente y respetuosa con el entorno. Sin embargo, por muy atractivas que sean estas teorías, debemos tener en cuenta que en los países de las que son originarias, el nivel de precipitaciones es muy alto, por lo que no solo es necesario combinar conocimientos técnicos y experiencia para obtener buenos resultados, también saber adaptar todos ellos al clima y condiciones de cada lugar.

Françoise era un entusiasta de la permacultura; pasaba horas leyendo libros y formándose en teorías sobre la gestión de los ecosistemas y la autosuficiencia. No obstante, su finca distaba mucho de ser el modelo de sostenibilidad que él pretendía. Apenas conseguía que alguna planta creciera y, con el tiempo, lo único que le quedaba en su finca eran unas gallinas americanas que le proporcionaban unos pocos huevos.

Uno de sus principales problemas era su gestión del semillero, una etapa fundamental para cualquier tipo de agricultura. Las semillas deben germinar en condiciones controladas, con el riego adecuado, la temperatura óptima y un buen sustrato. Sin embargo, Françoise no prestaba la debida atención a esta fase tan delicada. Su enfoque era demasiado filosófico y abstracto, lo que le llevaba a descuidar los aspectos prácticos que hacen la diferencia entre el éxito y el fracaso en el campo.

Le ofrecí algunos consejos para mejorar el rendimiento de su semillero, pero no se mostró dispuesto a aplicarlos; estaba más interesado en lo que decían los libros que en adaptarse a las necesidades reales de su terreno y clima. Como resultado, nunca logró que su finca fuera productiva y decidió abandonar su proyecto.

Mediante esta historia quiero transmitirte la importancia de combinar la teoría con la práctica. La agricultura, incluso la más filosófica o ecológica, exige un equilibrio entre los principios y la aplicación diaria de conocimientos técnicos. Françoise tenía la motivación y el deseo de aplicar la permacultura, pero le faltaba el componente práctico que se aprende con la experiencia y la observación directa de la naturaleza.

Recolector de cultivos

Saber cuándo y cómo recolectar los cultivos es decisivo para garantizar la calidad del producto final, por lo que el agricultor debe conocer tanto el momento oportuno de recolección como las técnicas específicas para cada tipo de planta. Para ello, lo ideal es contar con la guía de un mentor experimentado.

Por ejemplo, los tomates deben recolectarse en cuanto alcanzan su punto justo de maduración, es decir, cuando han desarrollado su color característico, dependiendo de la variedad, y presentan una ligera suavidad al tacto. Recolectarlos antes de tiempo afectará su sabor y textura, mientras que dejarlos demasiado tiempo en la planta conllevará que se vuelvan blandos o pastosos.

Los calabacines deben cosecharse cuando alcanzan el tamaño ideal, entre 15 y 20 cm, dependiendo de la variedad. Si se dejan demasiado en la planta, su piel se endurece y su uso se ve restringido a caldos o sopas.

En cuanto a los pimientos, es posible recolectarlos en diferentes fases de maduración, lo que influirá en su color y sabor. Al principio son verdes, pero si se dejan madurar en la planta, cambiarán de color (rojo, amarillo o naranja, según la variedad), volviéndose más dulces. El tiempo de cosecha dependerá de las preferencias del agricultor o consumidor.

Con la fruta, la situación es más delicada. Algunas, como las fresas, deben recolectarse completamente maduras, ya que no continuarán madurando una vez cosechadas (son no climatéricas). Sin embargo, otras como los plátanos o aguacates (frutas climatéricas) pueden recogerse antes de alcanzar su madurez plena, ya que seguirán madurando fuera de la planta.

A su vez, cada especie vegetal presenta requisitos específicos para su recolección. En el caso de cultivos de raíces, como zanahorias o rábanos, es necesario limpiar la tierra suelta antes de colocarlos en la parte inferior de las cajas de transporte para evitar ensuciar productos más delicados, como las lechugas. Estas, por ejemplo, deben ubicarse en la parte superior para evitar que se aplasten o dañen.

También es importante conocer el punto exacto del corte en algunos cultivos. El brócoli, por ejemplo, desarrolla pequeñas ramificaciones florales que deben recolectarse cada semana para mantener su producción. Si se deja sin cosechar, las flores madurarán y perderán su valor comercial y gastronómico.

En el caso de los guisantes, es preciso distinguir entre las diferentes variedades. El guisante común debe recolectarse con la semilla tierna pero hinchada. Otro caso es el tirabeque, que es un tipo de guisante cuya vaina se consume, por lo que hay que cosecharlo antes de que las semillas se desarrollen demasiado en su interior, asegurando así que la vaina esté tierna y crujiente. Por otro lado, el guisante negro de Berga (Barcelona, España), se cosecha duro y se consume como legumbre.

Al seguir un proceso organizado de recolección y manejo, te asegurarás de que cada planta o fruto mantenga su calidad desde el campo hasta su destino final. Esto implica prestar atención tanto a la técnica de corte como a la disposición en las cajas, garantizando que los productos más frágiles no sufran daños durante el transporte.

Roles Esenciales en un Huerto Urbano

En este capítulo, te he mostrado la importancia de la organización y la asignación de roles en un huerto urbano, donde cada función es clave para el buen desarrollo de los cultivos y para ofrecer un proceso de aprendizaje colectivo y enriquecedor. Desde el mentor que guía con su experiencia hasta la gestión del riego y los semilleros, cada tarea influye en el éxito del proyecto.

Te animo a que sigamos adentrándonos en esta aventura, pues en las siguientes páginas te proporcionaré consejos útiles para el manejo de los cultivos y cómo afrontar diferentes desafíos.

En las próximas páginas te esperan nuevas herramientas y conocimientos que te acercarán a tu meta.

Capítulo 8

CUIDADO INTEGRAL DE TUS CULTIVOS CONTRA PLAGAS, ENFERMEDADES Y FISIOPATÍAS

"Es algo sano y necesario volver la mirada a la tierra y, al contemplar sus bellezas, reconocer el asombro y la humildad".
Rachel Carson

Cuidar un huerto es más que sembrar y mantener los cultivos; también debes prepararte para combatir plagas, enfermedades y fisiopatías que perjudican las cosechas si no actúas con rapidez. En este capítulo compartiré contigo estrategias efectivas para abordar, de manera natural, las amenazas que afectan a las plantas. Exploraremos desde los insectos que dañan tallos, hojas o frutos, hasta los problemas ocasionados por un entorno desfavorable, un manejo inadecuado o desequilibrios en los nutrientes.

La clave está en la prevención, aplicando prácticas agrícolas respetuosas con el medioambiente. Presta atención, porque aquí descubrirás consejos útiles para optimizar el estado de tus cultivos y garantizar su éxito.

Diferencia entre plagas, enfermedades y fisiopatías

Antes de tomar cualquier medida, debes ser capaz de distinguir entre estas dos amenazas para los cultivos:

- **Plagas:** Son provocadas por insectos, ácaros o nematodos que se alimentan de las plantas, dañando sus tejidos y dificultando su desarrollo.

- **Enfermedades:** Son provocadas por hongos, virus o bacterias. Los hongos son la causa de enfermedad más común en las plantas.

- **Fisiopatías:** Se originan por factores no biológicos, como el riego inadecuado, la deficiencia de nutrientes o condiciones climáticas extremas.

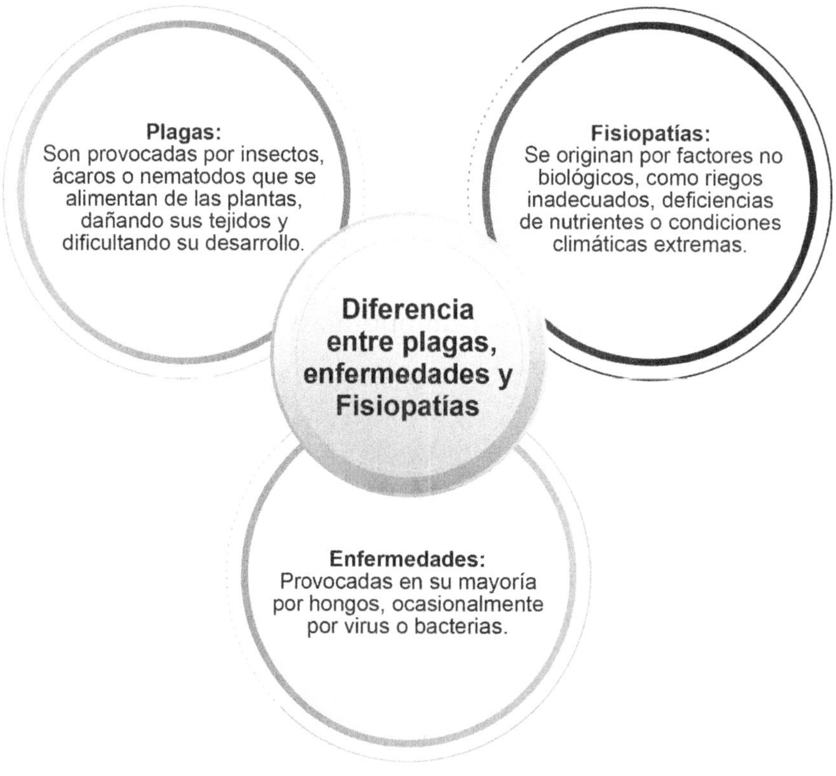

Reconocer estos problemas a tiempo y aplicar los tratamientos que correspondan te permitirá evitar pérdidas significativas en tu huerto.

Fisiopatías: qué son, tipos y cómo afectan a los cultivos

Las fisiopatías son alteraciones en las plantas que ocasionan graves daños si no se identifican y corrigen a tiempo. Estas anomalías no están provocadas por patógenos ni plagas, sino por desequilibrios en componentes esenciales o por condiciones ambientales adversas. Seguidamente, te presento ejemplos comunes de fisiopatías y sus posibles soluciones:

Deficiencia de calcio

El calcio es indispensable para el desarrollo estructural de las plantas; su carencia afecta los tejidos celulares, en especial en los frutos, y provoca diversas fisiopatías. En el tomate, una de las manifestaciones más comunes es el *Blossom-end rot* o "peseta", que se presenta como una necrosis en el extremo del fruto —de color negro y aspecto seco— y que en casos graves lleva a la pérdida completa de la cosecha afectada. Factores como el riego irregular, temperaturas elevadas y la sensibilidad de ciertas variedades agravan esta condición.

Esta deficiencia también afecta a otros cultivos. En el pimiento, berenjena, melón, calabacín y pepino aparecen síntomas similares al *Blossom-end rot*. En la manzana, provoca el "acorchado" o *Bitter pit*, caracterizado por pequeñas depresiones en la piel que reducen la calidad del fruto.

En el apio, causa el "corazón negro", con necrosis en las hojas centrales. Mientras, en la col y la lechuga produce el *Tip burn*, que daña las hojas más jóvenes comprometiendo su comercialización.

Para prevenir esta carencia, selecciona variedades más resistentes y asegúrate de proporcionarles un riego uniforme. Si el agua es limitada, es preferible que cultives menos plantas y garantices que reciban suficiente humedad.

En suelos ácidos o pobres en calcio, debes corregir el déficit con enmiendas como yeso agrícola o carbonato cálcico. Por ejemplo, en regiones como Suecia, donde los suelos suelen ser ácidos, los agricultores aplican encalado (carbonato cálcico) con regularidad para evitar los problemas relacionados con el calcio.

Salinidad elevada

La salinidad elevada en el suelo provoca fisiopatías que se manifiestan como quemaduras en las puntas y bordes de las hojas. Este problema también aparece con la sobrefertilización. En ambos casos, debes realizar riegos generosos que arrastren las sales acumuladas hacia capas más profundas del suelo. Además, incorporar estiércol o compost mejorará la estructura del terreno y favorecerá la retención de agua y nutrientes.

También resulta muy útil el uso de yeso agrícola, que ayuda a desplazar las sales nocivas, favoreciendo el desarrollo de las raíces. Una estrategia efectiva consiste en utilizar cultivos resistentes o tolerantes a la salinidad, adaptando las rotaciones al contexto del huerto. Y, en el caso de los árboles, servirte de portainjertos resistentes.

Las fisiopatías son más frecuentes en suelos empobrecidos y en sistemas dependientes de los fertilizantes químicos. Para evitar estas alteraciones, te aconsejo cultivar en terrenos ricos en materia orgánica y microbiota, promoviendo prácticas agrícolas sostenibles. Un manejo adecuado del riego, el abonado y las variedades cultivadas, te permitirá prevenir estos problemas y mantener tu huerto productivo y saludable.

Cómo combatir las plagas, la importancia del equilibrio

La naturaleza ofrece soluciones eficaces para el control de las plagas, gracias a la acción de sus enemigos naturales: aves insectívoras, insectos auxiliares, ácaros depredadores, murciélagos, arañas y reptiles. Si creas un entorno que favorezca su presencia, tus cultivos serán más resistentes y necesitarán menos o incluso ninguna intervención externa.

Propiciar este equilibrio requiere planificación y esfuerzo, pero sus beneficios son duraderos. Piensa en tu huerto como un ecosistema interconectado donde cada especie cumple una función crucial. Al atraer y mantener en tus cultivos a los depredadores de las plagas, reducirás la dependencia de otros tratamientos, optimizando la salud de tus plantas y la sostenibilidad de tu terreno.

Aves insectívoras, vigilantes del huerto

Las aves insectívoras son fundamentales para lograr un equilibrio en tu huerto, ya que actúan como controladores naturales de plagas. Especies como el herrerillo común (*Cyanistes caeruleus*), el carbonero común (*Parus major*), las currucas (Sylvia sp), etc., destacan por su voracidad, sobre todo durante la época de cría, cuando necesitan grandes cantidades de insectos para alimentar a sus polluelos. Se calcula que una familia de herrerillos puede eliminar hasta 24 millones de insectos al año, incluyendo orugas, gorgojos y otros de tamaño mediano-grande.

Para atraer a estas aves a tu terreno, debes proporcionarles alimento, refugio y lugares seguros para anidar. Una excelente forma de conseguir que permanezcan en el lugar es plantar una diversidad de arbustos para asegurarte de que puedan obtener bayas todo el año, especialmente durante el otoño e invierno, cuando los insectos son escasos. Así, puedes optar por el espino albar (*Crataegus monogyna*), el saúco (*Sambucus nigra*), el lentisco (*Pistacia lentiscus*)…, o lo que sería ideal, plantar arbustos autóctonos de tu región.

Además, te aconsejo que instales cajas nido en sitios protegidos donde puedan refugiarse. También es recomendable mantener setos y pequeños bosques naturales alrededor de tu huerta. Por ejemplo, las zarzamoras, los acebos y los avellanos ofrecen una fuente adicional de alimento y crean hábitats ideales para numerosas especies de aves y otros polinizadores.

El canto que rompió el silencio

Recuerdo que al llegar por primera vez al terreno donde hoy se encuentra mi huerto, el silencio era absoluto. Mi esposa comentó que no se oía el canto de ningún pájaro, y aquello me hizo reflexionar. Sin aves, el ecosistema estaba incompleto. Me puse manos a la obra: planté arbustos que les proporcionaran alimento en cada estación e instalé cajas nido para que pudieran refugiarse y criar a sus polluelos.

En pocos meses, el paisaje cambió. El canto de las aves llenó el aire, y mi huerto se transformó en un espacio lleno de vida. Hoy, cuando escucho ese canto, sé que mis cultivos están protegidos de las plagas gracias a estas coloridas y valiosas aliadas.

El papel de los murciélagos y reptiles en el control de plagas

Cuando hablamos de control natural de plagas, los murciélagos suelen pasar desapercibidos, a pesar de su enorme contribución a la agricultura y la salud de los ecosistemas. Esto es muy relevante en Europa, donde la mayoría de sus especies son insectívoras. Gracias a sus hábitos nocturnos, se alimentan de presas que están activas por la noche, como mosquitos, polillas y otros lepidópteros, cuyas orugas causan graves daños a los cultivos. Se estima que un murciélago puede consumir hasta mil insectos en una sola noche.

Estos mamíferos voladores acostumbran a refugiarse en huecos de árboles, grietas en rocas, cuevas o edificios abandonados, pero en áreas agrícolas y jardines deberás fomentar su presencia instalando cajas nido específicas para ellos. Deben colocarse en lugares elevados y tranquilos, como árboles altos o estructuras de más de tres metros, orientadas hacia el sur o sureste para garantizarles suficiente calor durante el día. Con una o dos cajas es suficiente para un huerto de tamaño medio, ya que los murciélagos son animales sociales y eficientes en su actividad depredadora.

Tampoco podemos olvidar el papel de otros depredadores naturales como los reptiles. Lagartijas, lagartos y algunas serpientes en sus etapas juveniles también se alimentan de insectos y propician el equilibrio ecológico en huertos y jardines.

La contribución de las arañas

Aunque forman parte del grupo de artrópodos, las arañas no son insectos, sino arácnidos, caracterizados por poseer ocho patas y carecer de antenas. A menudo se subestima su importancia, pero todas las arañas son depredadoras y se alimentan de muchas especies consideradas plagas agrícolas. Una alta diversidad de arañas es una señal de que el entorno es sano, pues su presencia regula la población de insectos de manera natural.

De igual forma, no todas las arañas tejen telarañas; muchas de ellas, denominadas cazadoras activas, atrapan directamente a sus presas en flores, hojas o incluso en el suelo. Su capacidad para convivir con otros depredadores, como aves insectívoras y murciélagos, refuerza el equilibrio del ecosistema, pues cada grupo ocupa lugares complementarios en la cadena alimentaria.

Cambiar nuestra percepción: De enemigos a aliados

Las arañas muchas veces son vistas con temor o desagrado, y sus telarañas se consideran una molestia, pero es necesario cambiar esta percepción. Si encuentras una araña en casa, no la mates; mejor llévala a tu huerto o jardín, donde podrá seguir desempeñando su función como controladora de insectos.

Me viene a la mente una experiencia durante un viaje a Tarragona (España). Allí observé las construcciones donde los agricultores guardaban a los mulos utilizados en el campo, y me llamó la atención que estaban repletas de telarañas. Al preguntarle a un campesino local, me explicó que estas arañas controlaban la población de mosquitos y otros insectos dañinos que podían afectar a los animales. Sin arañas, los mulos corrían el riesgo de enfermar. Esto nos demuestra que han sido aliadas silenciosas en los ecosistemas rurales desde hace generaciones.

Insectos auxiliares, guardianes discretos

Los insectos auxiliares, como las mariquitas, las crisopas y las pequeñas avispas parasitarias, son imprescindibles en el control de pulgones, moscas blancas y otras muchas plagas. Además de cazar o parasitar a estas especies dañinas, la mayoría de estos insectos también necesitan polen y néctar para completar su ciclo vital y que mantengan una alta población, por lo que es importante asegurar que haya flores en tu huerto durante todo el año.

Un caso interesante es el de la avispa parásita *Anagyrus pseudococci*, estudiada por el Instituto Valenciano de Investigaciones Agrarias y la Universidad Politécnica de Valencia (España), que ha demostrado ser muy eficaz en la lucha contra varias especies de cotonet (*Planococcus citri)*, que afecta a la citricultura.

Esta avispa parasita a las hembras y larvas del cotonet, provocando su muerte y permitiendo el nacimiento de nuevos parásitos. Sin embargo, en ausencia de flores, su esperanza de vida se reduce a uno o dos días, mientras que con flores disponibles puede sobrevivir hasta un mes. Este aumento en su longevidad mejora su eficacia como control biológico natural.

Dedica al menos un 10 % de tu huerto al cultivo de flores para crear un entorno equilibrado donde los insectos auxiliares encuentren alimento y refugio, favoreciendo la biodiversidad y el control natural de plagas. Aunque esta práctica está asociada a sistemas agrícolas diversos, cada vez es más común integrarla en monocultivos convencionales debido a sus numerosos beneficios.

El terror del tomate: la **Tuta absoluta**

Si has cultivado tomates, es probable que conozcas la *Tuta absoluta*, una plaga devastadora que arruina por completo esta planta. Esta pequeña polilla nocturna se convierte en un enemigo feroz en su etapa larvaria, ya que devora hojas, brotes y frutos, afectando tanto la salud como la producción del cultivo. Su ciclo de vida es corto, completándose en menos de un mes en condiciones cálidas, lo que permite el desarrollo de varias generaciones en una temporada y facilita las infestaciones masivas.

Recuerdo que un amigo, para proteger sus tomates, construyó un invernadero con malla. Decidió cultivar tanto dentro como fuera del invernadero, pensando que demostraría la eficacia de su barrera contra la plaga. Al visitarlo, descubrí con sorpresa que las plantas del interior estaban destruidas, mientras que las del exterior permanecían en buen estado.

¿Qué ocurrió? Aunque las mallas ofrecen algunos beneficios, no brindan una protección total; basta con que una sola polilla entre al invernadero para que, al no tener depredadores naturales, su población crezca sin control. En cambio, las plantas al aire libre contaron con aliados naturales: insectos auxiliares que limitaron la propagación de la plaga.

Le sugerí a mi amigo introducir en su huerto la olivarda (*Dittrichia viscosa*), una planta que atrae al *Nesidiocoris tenuis*, depredador de los huevos y larvas de la *Tuta absoluta*. Este insecto destaca por su capacidad de controlar plagas, incluso en invernaderos, y constituye una alternativa sostenible frente a los pesticidas químicos.

En mi caso, prefiero cultivar los tomates al aire libre, en sintonía con las estaciones. A pesar de que los invernaderos son útiles en climas fríos, adelantar las temporadas trae consigo problemas como el incremento de plagas y la necesidad de comprar los insectos auxiliares para su liberación controlada. Los invernaderos ofrecen un ambiente ideal para las plagas, pero no para sus depredadores naturales, que requieren tiempo y condiciones específicas para desarrollarse.

Además, estos sistemas necesitan un mantenimiento constante. Sus cubiertas de plástico deben cambiarse cada tres años, y son vulnerables a factores como el granizo y la nieve. También limitan la diversidad de cultivos y, si no se manejan bien, se convierten en focos de infestaciones.

La solución siempre está en la naturaleza, que pone a nuestra disposición más de 7.000 especies comestibles. Aprovechar esta ventaja, alternando cultivos y fomentando la biodiversidad, enriquecerá tu dieta y fortalecerá el ecosistema de tu huerto.

La Cochinilla roja de California, una plaga controlada por la naturaleza

La llegada de la cochinilla roja de California (*Aonidiella aurantii*) a España significó un duro golpe para los cultivos, en especial para los cítricos. Al ser una plaga desconocida en el territorio, su propagación fue rápida y devastadora. Los agricultores se encontraron con árboles debilitados y frutos sin valor comercial, lo que generó considerables pérdidas económicas.

Para entender la magnitud de su impacto, es necesario conocer su modo de vida y reproducción. Las hembras, de carácter sedentario, se adhieren a hojas, tallos o frutos, formando una especie de cubierta protectora que les permite extraer la savia de la planta. Este proceso debilita de manera progresiva al árbol, provocando un decaimiento general y dejando los frutos con manchas y deformidades que impiden su comercialización.

Por otra parte, los machos son móviles, es decir, se desplazan para localizar a las hembras y fecundarlas. Tras el apareamiento, las hembras generan nuevas larvas, que repiten el ciclo vital según su sexo: sedentarias como sus madres o móviles como los machos.

A pesar del daño inicial causado por esta plaga, la naturaleza terminó equilibrando la situación. Con el tiempo, se descubrió un depredador autóctono *Aphytis sp.*, una microavispa parasitoide, que identificó a la cochinilla como fuente de alimento y comenzó a controlar su población. Este insecto deposita sus huevos dentro de la cochinilla, y cuando las larvas nacen, se alimentan de ella hasta acabar con su vida.

Otro ejemplo es la avispa *Eretmocerus mundus* es otra aliada en el control de la *Bemisia tabaci*, una de las especies más agresivas de mosca blanca. Este parásito deposita sus huevos en las larvas de la plaga, y sus crías las eliminan de manera eficiente.

La diversidad de los ácaros

El mundo de los ácaros es tan fascinante como desconocido; aunque a menudo los asociamos con alergias al polvo, en realidad son artrópodos que desempeñan funciones muy diversas. Algunos, como la araña roja (*Tetranychus urticae*), causan graves daños en los cultivos, mientras que otros, como los ácaros depredadores, son cruciales para combatir plagas de forma natural.

Un ejemplo destacado es el *Amblyseius swirskii*, un ácaro depredador utilizado con eficacia para controlar algunas moscas blancas, como la *Trialeurodes vaporariorum*, *Bemisia tabaci*, *trips* y araña roja, ya que se alimenta de sus larvas y huevos. Este ácaro presenta gran movilidad, distribuyéndose con rapidez entre hojas y flores. Además, se alimenta de polen mientras espera la aparición de sus presas preferidas.

La araña roja, una plaga persistente y agresiva

La araña roja es un ácaro diminuto, de menos de un milímetro que, para observarla, debes utilizar una lupa. Su alimentación daña hojas y frutos, dejando manchas oscuras y debilitando las plantas hasta provocar su defoliación y muerte. El uso masivo de pesticidas, en especial desde la introducción del DDT en los años 30, eliminó muchos de los depredadores naturales de la araña roja, facilitando su proliferación. Aunque esta sustancia se prohibió en Europa en los años 70 debido a su toxicidad y persistencia, su impacto desequilibró los ecosistemas agrícolas, aumentando la agresividad de numerosas plagas.

Sus depredadores más importantes son otros ácaros como el *Neoseiulus californicus y el Phytoseiulus persimilis.*

Crear un entorno diverso en el huerto es clave para prevenir estas amenazas.

Hace algunos años, atendí un invernadero de mandarinos donde la araña roja se había convertido en un problema recurrente, que requería aplicar hasta ocho tratamientos químicos al año. En estas circunstancias, decidí introducir cultivos auxiliares como cebada para generar polen y, más tarde, maíz para reforzar el ecosistema. Aunque los conejos devoraron el maíz, el polen de la cebada bastó para fomentar la presencia de insectos auxiliares, lo que permitió eliminar la plaga sin necesidad de usar más químicos.

Por esta razón es tan importante que trabajemos de la mano con la naturaleza, reconociendo las soluciones que nos brinda nuestro propio entorno.

Construyendo el ecosistema idóneo

Construir un ecosistema saludable y equilibrado en tu huerto no es algo que consigas de inmediato; exige planificación, constancia y una perspectiva a largo plazo. Desde el inicio, debes centrarte en atraer y conservar una diversidad de depredadores naturales que actúen como aliados en el control de plagas. A continuación, te presento algunas especies relevantes que debes tener en cuenta:

Insectos auxiliares:

- **Mariquita (*Coccinella septempunctata*):** Este insecto es un voraz depredador de pulgones y, en menor medida, de cochinillas y ácaros. Es particularmente eficaz en el control de infestaciones de pulgones, tanto en su etapa larvaria como adulta.

- **Crisopa (*Chrysoperla carnea*):** Las larvas de esta especie son excelentes depredadoras de pulgones, *trips* y mosca blanca, mientras que los adultos se alimentan sobre todo de polen, néctar y melaza, contribuyendo también a la polinización.

- **Avispa parásita (*Aphidius colemani*):** Esta diminuta avispa parasita pulgones depositando sus huevos en ellos. Las larvas emergen y consumen al huésped desde el interior, reduciendo las poblaciones de estos insectos de manera natural.

Aves insectívoras:

- **Gorrión común (*Passer domesticus*):** Aunque su alimentación principal se basa en semillas, en la época de cría aumenta el consumo de insectos como orugas y otros insectos de tamaño medio-grande, lo que lo convierte en un gran aliado durante esta etapa.

- **Herrerillo común (*Cyanistes caeruleus*):** Este pájaro se especializa en el consumo de orugas, arañas e insectos pequeños, siendo más activo en primavera, cuando necesita alimentar a sus crías.

- **Golondrina común (*Hirundo rustica*):** Caza grandes cantidades de insectos voladores, incluidos moscas, mosquitos y pequeñas polillas, siendo muy valiosa en áreas cercanas a fuentes de agua y campos abiertos.

Ácaros depredadores:

- ***Phytoseiulus persimilis*:** Especialista en el control de la araña roja, uno de los ácaros más dañinos para cultivos. Es eficaz en ambientes controlados como invernaderos.

- ***Amblyseius swirskii*:** Capaz de depredar *trips*, mosca blanca y pequeños ácaros. Se utiliza con frecuencia en cultivos hortícolas y ornamentales, especialmente en climas cálidos.

- ***Neoseiulus californicus*:** Depredador versátil que ataca ácaros fitófagos, es decir, que se alimentan de materias vegetales; entre ellos, la araña roja. Tolera condiciones de alta temperatura y humedad, lo que lo hace ideal para zonas cálidas.

Murciélagos:

- **Murciélago común (*Pipistrellus pipistrellus*):** Consume una gran cantidad de insectos voladores como mosquitos, polillas y otras especies nocturnas.

- **Murciélago orejudo (*Plecotus auritus*):** Prefiere insectos más grandes como escarabajos y polillas, por lo que es efectivo en áreas boscosas y rurales.

- **Murciélago ratonero grande (Myotis myotis):** Especializado en la caza de escarabajos y otros insectos de cuerpo duro, es un buen controlador biológico en cultivos ubicados cerca de cuevas o refugios naturales.

Arañas:

- **Araña cangrejo (*Misumena vatia*):** Acecha a sus presas camuflándose en flores. Es capaz de capturar insectos como abejas, mariposas y pulgones, favoreciendo el control de plagas sin perjudicar significativamente a los polinizadores.

- **Araña lobo (familia *Lycosidae*):** Caza de forma activa insectos como saltamontes, escarabajos y otros insectos del suelo, desempeñando un rol crucial en el control de plagas terrestres.

- **Araña de jardín (*Araneus diadematus*):** Construye grandes telarañas que atrapan moscas, mosquitos y polillas, contribuyendo a la reducción de insectos en jardines y huertos.

Reptiles insectívoros:

- **Lagartija ibérica (*Podarcis hispanicus*):** Se alimenta de insectos como moscas, hormigas y pequeños escarabajos, siendo un depredador frecuente en áreas rurales y urbanas.

- **Gecko o Salamanquesa común (*Tarentola mauritanica*):** Caza insectos nocturnos como polillas y mosquitos en las cercanías de luces artificiales, por lo que es efectiva en entornos urbanos.

- **Lagartija roquera (*Podarcis muralis*):** Autóctona de Europa, esta lagartija es útil en los huertos, pues se alimenta de insectos como orugas, saltamontes y pequeños escarabajos, contribuyendo al control biológico de plagas.

Para fomentar la presencia de estos ejemplares, ten presente incluir en tu terreno plantas que produzcan flores y arbustos como frambuesos o arándanos, que les sirvan como refugio y fuente de alimento. Si tu entorno incluye áreas degradadas, contribuye a su recuperación mediante la reforestación. Además, aprovecha los jardines cercanos para propiciar un ecosistema interconectado que favorezca la biodiversidad.

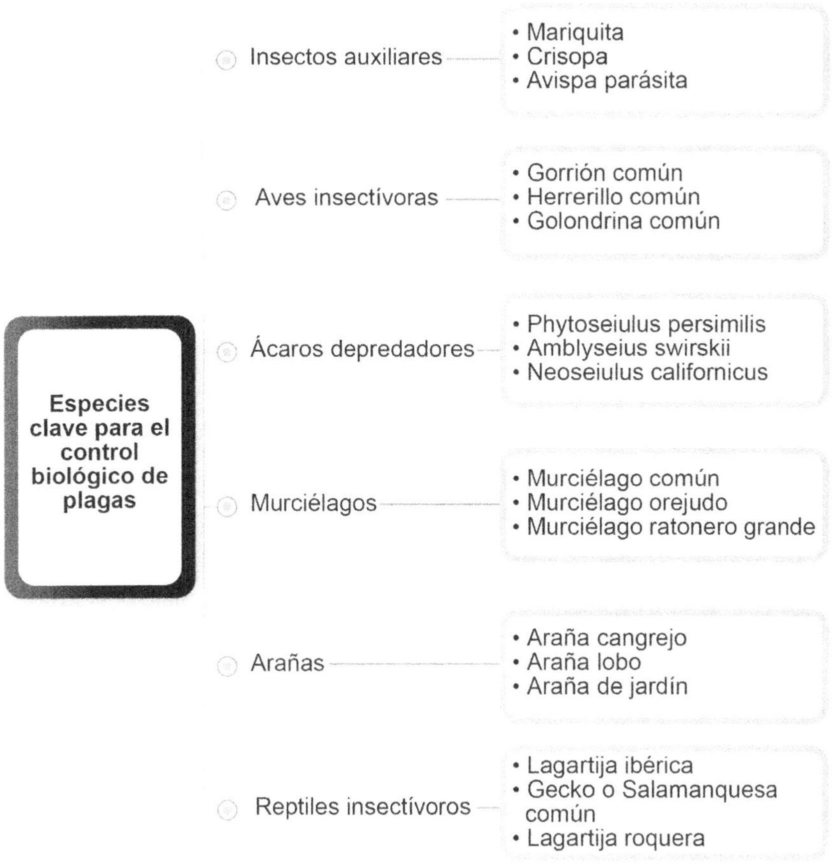

Aunque existen productos ecológicos que sirven para combatir plagas y enfermedades en las plantas, su empleo debe ser solo complementario. Enfócate en crear un sistema autosostenible que funcione sin depender de intervenciones externas; solo así garantizarás un equilibrio natural duradero.

Plantas ideales para un ecosistema preventivo

La selección de plantas es otro factor primordial en la creación de un entorno que favorezca el control biológico de plagas. Estas son las características que debes tener en cuenta al elegir las variedades adecuadas para tu huerto:

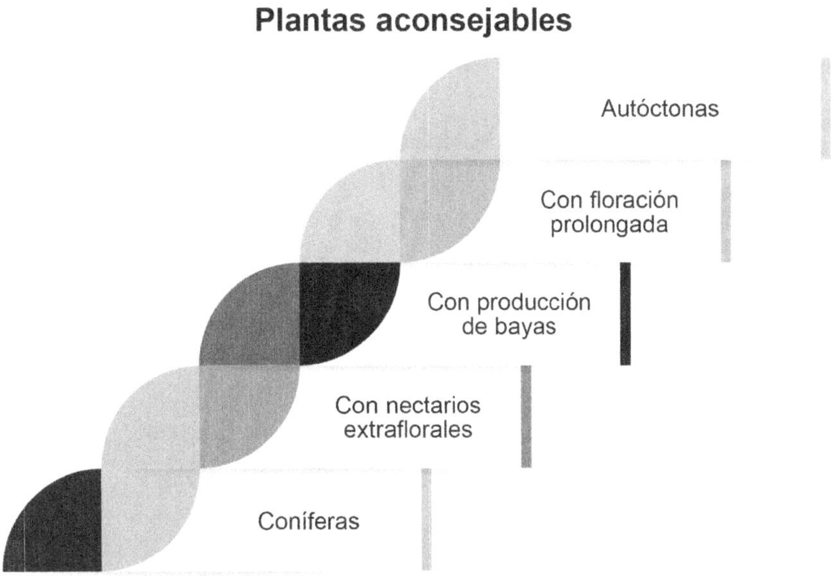

- **Plantas autóctonas:** Las especies propias de la región se adaptan mejor al clima y al suelo locales, lo que facilita su desarrollo y aumenta la resiliencia del ecosistema.

- **Plantas con floración prolongada:** El polen y el néctar son recursos vitales para los insectos auxiliares; por ello, es recomendable que optes por plantas con ciclos de floración prolongados o que florezcan en distintos momentos del año, garantizando una fuente constante de alimento.

- **Plantas que producen bayas:** Arbustos como el lentisco, el madroño o los frambuesos son ideales, ya que alimentan a las aves durante meses, ayudando a mantener su presencia en el huerto.

- **Plantas con nectarios extraflorales:** Algunas especies, como el melocotón, la nectarina, el paraguayo y el ricino, cuentan con nectarios en los pecíolos. Estas estructuras segregan néctar fuera de la floración, sirviendo de alimento a insectos y ácaros auxiliares como avispas, mariquitas y Amblyseius sp. durante todo el año.

- **Coníferas:** Árboles y arbustos como pinos y cipreses producen polen en abundancia, lo que contribuye al equilibrio del ecosistema y ofrece refugio a diversas especies.

La lobularia, una solución natural contra los pulgones

En cultivos como melones y sandías, los pulgones representan una peligrosa amenaza; en este contexto, la *Lobularia marítima*, también conocida como aliso de mar, destaca por su capacidad para atraer insectos beneficiosos que contribuyen al control de estas plagas.

Esta planta anual, resistente y de fácil manejo, florece durante gran parte del año en climas templados, generando grandes cantidades de néctar y polen que sirven de alimento a insectos auxiliares como avispillas parasitoides y mariquitas. Las avispillas depositan sus huevos en los pulgones, y sus larvas los devoran desde el interior, disminuyendo su población.

La lobularia también es valorada porque requiere poco mantenimiento y actúa como una barrera natural. Al plantarla en los bordes de tu huerto, mejorarás el control biológico y añadirás un toque ornamental. Sus flores, en su mayoría blancas, también incluyen hermosas variedades en tonos lilas y rosados.

En la agricultura convencional, los controles biológicos mediante la liberación de insectos auxiliares suelen utilizarse para combatir plagas; sin embargo, la integración de plantas como la lobularia fomenta un ecosistema autosuficiente, donde los depredadores se establecen de manera estable, reduciendo la necesidad de tratamientos externos.

Otras plantas de interés

Hay una gran variedad de plantas y sus derivados que son muy útiles en la protección de los cultivos; a continuación, comparto algunos ejemplos de las más destacadas:

- **Ortigas:** A partir de esta planta se elabora el purín de ortiga, un extracto fermentado que se utiliza mucho en la agricultura ecológica. Este preparado actúa como un repelente natural y fortalece las plantas, potenciando su resistencia y eliminándola frente a plagas como los pulgones.

- **Canela:** Tanto el aceite esencial como la canela en polvo tienen propiedades que combaten los hongos —especialmente oídios—, y también sirven para repeler y controlar algunos ácaros e insectos.

- **Azadiractina (Neem):** Este compuesto, extraído de las semillas del árbol de neem (*Azadirachta indica*), es un insecticida natural muy eficaz. Su acción se basa en alterar los ciclos de vida y reproducción de plagas como pulgones, cochinillas y moscas blancas.

Productos ecológicos a usar para diferentes problemas

Si, a pesar de haber tomado las precauciones oportunas, aparece cualquier problema en tu huerto, puedes recurrir a las siguientes soluciones:

Plagas

Las siguientes plagas pueden ser eliminadas con:

- Orugas. Spinosina, Bacillus thuringiensis
- Pulgones: aceite de neem, extracto de ortigas.
- Cochinillas: mezcla aceite parafínico con aceite de neem
- Minadores: aceite de neem
- Mosca de la fruta: spinosina, trampas para captura masiva.

Ácaros: azufre en espolvoreo o mojante. Muy importante en el cultivo del tomate es el Vasates lycopersici.

Enfermedades

Si se dan las condiciones adecuadas para la aparición de hongos, lo ideal es prevenir antes de curar.

Así, tanto para prevenir su proliferación o para eliminarlos, puedes utilizar las sustancias correspondientes:

- Oídio: Aparece en condiciones de vientos húmedos y la lluvia le perjudica seriamente. Puede ser tratado con azufre en espolvoreo o mojable.

- Mildius y alternaria: Se desarrollan en condiciones de alta humedad, independientemente de la temperatura ambiente. Puedes eliminarlos con extracto de equiseto o cola de caballero.

- Cercospora y royas: Se desarrollan en condiciones de alta humedad con temperaturas moderadas-altas. A tratar con extracto de mimosa.

A menudo suelen preguntarme dónde conseguir productos orgánicos de calidad para el control de plagas y enfermedades. Si este es también tu caso, te dejo mi recomendación en el siguiente enlace:

https://esc.anea.me/rn_53

Ventajas de un huerto diverso

Fomentar la biodiversidad en tu huerto no solo beneficiará a las plantas, sino también al equilibrio del entorno y a los seres vivos que lo habitan, incluidos los humanos.

Recuerdo que hace más de tres décadas vivía en una casa con un patio prácticamente desprovisto de vegetación. Aunque estaba siempre limpio y despejado, aquello tenía un alto precio: mis perros sufrían de leishmaniosis, una enfermedad transmitida por la picadura de un mosquito. Las consecuencias fueron devastadoras, con síntomas graves que terminaron provocando la muerte de varios de ellos.

Al mudarme a mi hogar actual, apenas a un kilómetro de distancia, decidí transformar el entorno. Planté árboles, flores y arbustos, y con el tiempo, logré crear un ecosistema diverso. Desde entonces, no he vuelto a perder un perro a causa de esta enfermedad. La llegada de insectos beneficiosos, aves y otros depredadores contribuyó a controlar la población de mosquitos transmisores de la leishmaniosis.

Un huerto en armonía con la naturaleza es un espacio sostenible, lleno de vida y más seguro para todos.

Monocultivos Vs. biodiversidad

Los monocultivos extensivos muestran las consecuencias de ignorar la biodiversidad. Cultivar una única especie en grandes extensiones facilita que las plagas encuentren condiciones ideales para reproducirse, sin depredadores naturales que limiten su expansión. Esto suele desembocar en infestaciones masivas que, de no controlarse, destruyen cosechas enteras. En cambio, en un ecosistema diverso, los depredadores siempre están presentes y ayudan a contener las plagas antes de que se conviertan en un problema mayor.

Por eso, al planificar tu huerto, no basta con decidir qué plantar; también debes pensar en cómo proteger tus cultivos, creando un espacio favorable para estos aliados naturales. Si proporcionas las condiciones adecuadas, la naturaleza se encargará de mantener el equilibrio.

Métodos ecológicos efectivos

Además de las opciones que he mencionado para la gestión de plagas, existen otros métodos eficaces y respetuosos con el medioambiente. Un ejemplo relevante en la lucha contra la mosca de la fruta (*Ceratitis capitata*) es el uso de Cera Trap, un cebo alimenticio selectivo que minimiza la necesidad de insecticidas químicos.

Este atrayente se emplea en trampas, conocidas como mosqueros, diseñadas con orificios que emiten compuestos volátiles para atraer y capturar a las moscas. Aunque no eliminan por completo la plaga, reducen su población y pueden combinarse con otras medidas, como el control biológico y la retirada de frutos infestados.

Otra importante herramienta es el *Bacillus thuringiensis* (Bt), la bacteria más empleada como insecticida biológico en todo el mundo. Esta bacteria produce proteínas que atacan a las larvas de ciertos insectos, como mariposas y polillas, interrumpiendo su desarrollo y eliminándolas. Su acción selectiva garantiza la no afectación a humanos, polinizadores ni a otros organismos beneficiosos.

El Bt resulta muy útil en plantaciones hortícolas como el tomate, el pimiento, la lechuga y el calabacín. Para optimizar su eficacia, debe aplicarse cuando las larvas son pequeñas y están alimentándose. Además, existen distintas cepas adaptadas a plagas específicas, lo que lo convierte en una solución versátil para diversos cultivos.

El camino hacia una agricultura sostenible

En la actualidad, la agricultura avanza hacia métodos sostenibles, limitando de manera progresiva el uso de productos químicos y adoptando alternativas ecológicas. Estas estrategias favorecen a los depredadores auxiliares, mejoran la salud de los cultivos y promueven ecosistemas más equilibrados.

Te animo a que incorpores estas soluciones en tus prácticas agrícolas, no solo son compatibles con la productividad y la rentabilidad, también contribuyen a un futuro más respetuoso con nuestro planeta.

Confío en que este capítulo te haya ayudado a comprender mejor las fisiopatías y plagas que afectan a los cultivos. Ahora, avanzaremos hacia un aspecto fundamental en el cuidado de los huertos urbanos: la conservación de los alimentos.

En las próximas páginas, descubrirás métodos prácticos para gestionar y almacenar tus cosechas de manera eficiente, optimizando su aprovechamiento y reduciendo el desperdicio.

¡Sigamos descubriendo la riqueza que la tierra nos ofrece!

Capítulo 9

MÉTODOS DE CONSERVACIÓN DE LOS ALIMENTOS

"La alimentación es vida, y la vida no debe separarse de la naturaleza".
Masanobu Fukuoka

A lo largo de este libro te he proporcionado una guía práctica para que cultives tu propia huerta y obtengas alimentos frescos, saludables y llenos de sabor. Ahora quiero profundizar en la conservación, una etapa clave para no desperdiciar los excedentes de tu cosecha y que te permitirá sacar el máximo partido a tu esfuerzo y trabajo.

En este capítulo, te explicaré diversas técnicas que prolongarán la vida útil de tus alimentos, manteniendo sus nutrientes y, en algunos casos, potenciando sus beneficios para la salud. Aplica las que mejor se adapten a tus necesidades y recursos para que disfrutes de tus productos durante todo el año.

Métodos como la deshidratación, la congelación, el encurtido o las conservas te ofrecerán la oportunidad de experimentar con nuevos sabores y texturas, convirtiendo tu despensa en un lugar repleto de productos caseros y exquisitos.

Conservación en botes de cristal, un método tradicional y seguro

A principios del siglo XIX, el cocinero francés Nicolas Appert descubrió que hervir los alimentos en recipientes herméticos permitía conservarlos en buen estado durante largos períodos, sin que se deteriorara su sabor ni olor. Este proceso, conocido como **appertización**, consiste en eliminar los microorganismos responsables de la descomposición mediante el calor, lo que evita que los alimentos se echen a perder.

El uso de frascos de cristal para esta técnica se consolidó a lo largo de ese mismo siglo, sobre todo con la creación de envases con cierres herméticos, como los frascos Mason, que facilitaron el sellado seguro de los alimentos tras su cocción.

A diferencia de los envases de plástico, que pueden contener sustancias químicas perjudiciales como los disruptores endocrinos, los frascos de cristal no presentan este riesgo, lo que los convierte en una mejor opción para preservar nuestros alimentos. Este método es ideal para almacenar durante meses e incluso años productos procesados, como salsas de tomate, mermeladas, pimientos asados y tomates pelados.

A continuación, te detallo los pasos a seguir para que realices este envasado de manera correcta:

1. **Limpieza de los botes:** Primero, debes limpiar sus tapas con agua y jabón.

2. **Preparación de los alimentos:** Asegúrate de que los alimentos estén cocidos o procesados antes de envasarlos. Por ejemplo, si preparas una salsa de tomate, cocínala hasta alcanzar la consistencia deseada.

3. **Llenado de los botes:** Una vez que los alimentos estén listos, introdúcelos en los frascos de cristal, dejando un centímetro de espacio entre el contenido y el borde del recipiente para evitar que entren en contacto con la tapa y se derramen durante el baño maría.

4. **Cierre y baño maría:** Cierra los botes ajustando bien las tapas. Después, colócalos en una olla grande sumergiéndolos por completo en agua, y hiérvelos durante al menos 10 minutos. Este proceso esteriliza y expulsa el aire del interior, creando un vacío al enfriarse.

5. **Enfriado y verificación del vacío:** Permite que los frascos se enfríen durante varias horas. Luego, presiona el centro de la tapa: si no se hunde, significa que el vacío se ha realizado de forma efectiva, garantizando la seguridad del alimento.

6. **Etiquetado y almacenamiento:** Etiqueta los frascos con el nombre del producto y la fecha de envasado para llevar un control de su caducidad. Consérvalos en estantes, en un lugar fresco y oscuro.

Hoy en día, este método transmitido de generación en generación, sigue siendo una solución práctica y accesible. Te animo a que desde ahora mismo comiences a reciclar frascos de vidrio para que siempre dispongas de ellos y poder conservar tus productos caseros con este método.

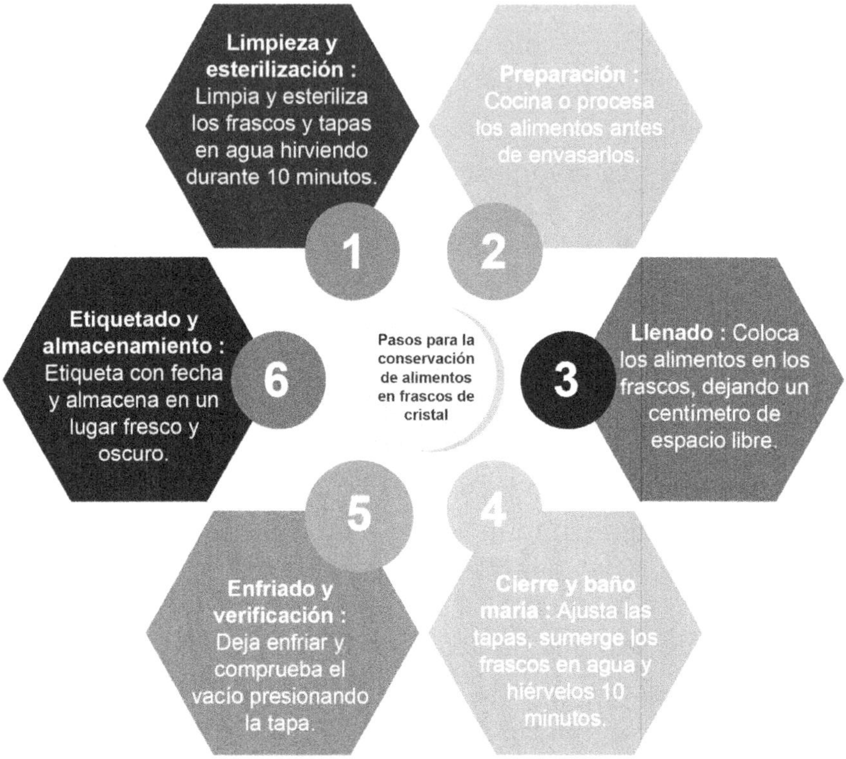

El arte de los encurtidos, una técnica milenaria y beneficiosa

Otro método de conservación de alimentos que siempre me ha fascinado es el de los encurtidos. Este sistema —uno de los más antiguos— aporta numerosos beneficios para nuestra salud. Se estima que su uso comenzó hace más de 4000 años en la antigua Mesopotamia y se expandió a otras regiones, llegando a China y más tarde a Europa.

El encurtido consiste en sumergir alimentos, principalmente frutas y vegetales, en una solución de salmuera (agua con sal) o vinagre. Según el método empleado, el alimento experimenta un proceso de fermentación o de acidificación, con el objetivo de conservarlo durante largos períodos.

Existen 2 tipos de encurtidos: los fermentados y los no fermentados. Ambos procesos transforman los alimentos, otorgándoles sabores intensos, únicos y muy apreciados en diferentes culturas:

- **Encurtidos fermentados:** En este caso, se utiliza la salmuera como medio de conservación. Al sumergir los vegetales en agua con sal, los azúcares presentes en ellos comienzan a fermentar de manera natural, sin necesidad de añadir bacterias externas. Durante este proceso —que puede prolongarse entre uno y dos meses—, los microorganismos presentes en los alimentos transforman los azúcares en ácidos, modificando el sabor, la textura y el aroma del producto final. Ejemplos clásicos de encurtidos fermentados son los pepinillos, las aceitunas, el chucrut (col fermentada) y los rábanos. Una vez completada la fermentación, los alimentos se enjuagan y, en algunos casos, se conservan en vinagre para intensificar su sabor y prolongar su vida útil.

- **Encurtidos no fermentados:** Este tipo de encurtido se prepara sumergiendo los alimentos directamente en una mezcla de vinagre, agua, especias y condimentos. El vinagre actúa como conservante, inhibiendo el crecimiento de microorganismos que podrían descomponer los alimentos.

A menudo, se añaden hierbas como el laurel o el tomillo, y especias como el clavo, para realzar el sabor de la mezcla. Entre los encurtidos no fermentados se incluyen las cebollitas en vinagre, los espárragos, las alcaparras y algunos tipos de chiles.

El mito del huevo y el secreto de una salmuera perfecta para aceitunas

En muchas áreas rurales se han transmitido técnicas caseras para conservar alimentos, siendo una de las más populares la de usar un huevo crudo para medir la cantidad de sal en la salmuera de las aceitunas. Aunque este método es ingenioso, resulta poco preciso. La teoría se basa en que, al añadir sal al agua, esta aumenta su densidad, lo que provoca que el huevo, que normalmente se hundiría, flote. Sin embargo, el hecho de que flote también depende de la frescura del huevo. Un huevo más viejo flota antes, lo que lleva a añadir menos sal de la necesaria y, como resultado, esas aceitunas no estarán bien conservadas, se ablandarán y estropearán mucho antes. Por el contrario, si hemos utilizado como medida un huevo muy fresco, echaremos más sal de la indicada, lo que dará como resultado unas aceitunas demasiado saladas.

Durante mucho tiempo dudé sobre la efectividad de este sistema, hasta que un amigo me explicó una forma más precisa de preparar la salmuera para las aceitunas: la proporción ideal es utilizar entre 100 y 110 gramos de sal por cada litro de agua. Este método garantiza el equilibrio perfecto entre su sabor y su conservación.

Preparación de las aceitunas: partidas y enteras

Dependiendo de la técnica que elijas, puedes optar por preparar aceitunas partidas o enteras, cada una con sus propias características. Las aceitunas partidas se preparan cuando están verdes y se chafan, es decir, se aplastan; o bien se les realizan cortes para que el aliño penetre mejor y más rápido. Este tipo de preparación permite que estén listas para consumir en un plazo de 15 a 20 días, aunque su conservación es más limitada, entre 4 y 5 meses. En cambio, las aceitunas enteras requieren un tiempo de espera mayor, aproximadamente 3 meses, pero pueden conservarse hasta un año.

Para la elaboración, coloca las aceitunas en un recipiente con salmuera (agua y sal marina en una proporción del 10-11 %) y añade un aliño con ingredientes naturales como ajo, romero, tomillo, ajedrea u otras hierbas aromáticas. Este aliño aportará sabor y contribuirá a la fermentación, resultando en unas aceitunas sabrosas y bien conservadas.

Beneficios de los encurtidos para la salud

Más allá de su eficacia como método de conservación, los encurtidos fermentados son una excelente fuente de probióticos, que ayudan a mantener el equilibrio de la flora intestinal y mejoran la digestión. También reducen la inflamación abdominal y favorecen el tratamiento de trastornos digestivos como el estreñimiento. Además, los vegetales encurtidos son ricos en vitamina C, ácido láctico y ácido fólico, nutrientes que refuerzan el sistema inmunológico.

La deshidratación como técnica para conservar tus alimentos

La deshidratación es un fantástico método para conservar los productos de tu huerto, manteniendo sus nutrientes y evitando que se deterioren. Al reducir el contenido de agua de un alimento por debajo del 10 %, impides la proliferación de bacterias y hongos, ya que estos necesitan humedad para desarrollarse. Es posible deshidratar cualquier fruta o verdura, aunque algunas son más adecuadas que otras dependiendo de su contenido de agua y estructura.

Para el proceso de deshidratación, te recomiendo que utilices una deshidratadora de acero inoxidable, porque es más duradera, segura y facilita un secado uniforme sin liberar sustancias químicas perjudiciales, como ocurre con algunos plásticos. Este tipo de aparato utiliza aire caliente a una temperatura controlada para eliminar el agua de los alimentos, evitando que se quemen o pierdan demasiadas propiedades. Es importante mantener la temperatura idónea, normalmente a 40 °C, ya que a más de 70 °C se degradan ciertos nutrientes, como la vitamina C y las vitaminas del grupo B.

El tiempo de deshidratación varía entre 12 y 48 horas, dependiendo del grosor del corte y del contenido de agua del alimento. Sabrás que el producto está listo en cuanto esté crujiente y no presente una textura blanda o pegajosa. Si no dispones de una deshidratadora, existe la opción tradicional de secar al sol, aunque resulta más complicado. Para ello, deberás colocar los alimentos bajo un sol intenso durante varios días, asegurándote de que no entren en contacto con la humedad durante todo el proceso.

El procedimiento es sencillo. Por ejemplo, si vas a deshidratar pimientos, primero lávalos bien, quítales el rabo y las semillas, y córtalos en tiras o trozos pequeños. Cuanto más finos sean los trozos, más rápido se secarán. Colócalos en la deshidratadora sin que se toquen, para permitir una buena circulación del aire. Una vez deshidratados, guárdalos en botes de cristal bien sellados para mantenerlos durante más tiempo. El proceso es similar para otras frutas y verduras.

Para asegurarte de eliminar cualquier bacteria o insecto indeseado, puedes colocar los botes en el congelador durante una semana. Este paso garantizará la eliminación de huevos de posibles insectos que podrían desarrollarse y estropear los alimentos. Luego, guárdalos en tu despensa en un lugar seco y oscuro, lejos de la luz directa del sol.

Uso de productos deshidratados

Una de las principales ventajas de los alimentos deshidratados es su gran versatilidad. Por ejemplo, las hojas secas de algunas verduras o hierbas puedes triturarlas en una batidora o procesadora hasta convertirlas en polvo, creando condimentos como el pimentón, el jengibre o la cúrcuma, o incluso prepararlas para infusiones, como sucede con la rehmannia y la bacopa.

También puedes rehidratar estos alimentos deshidratados, devolviéndoles parte de su textura original con solo sumergirlos en agua tibia durante unos minutos. Esto resulta útil en la preparación de guisos, salsas y otros platos. Un ejemplo clásico es la sopa juliana, un plato tradicional español elaborado con verduras deshidratadas como zanahoria, repollo, puerro o apio.

Una opción creativa para aprovechar los frutos muy maduros, es elaborar una pasta de frutas deshidratada. Aquí te explico cómo prepararla con caqui o persimón:

1. **Selecciona caquis maduros:** Utiliza aquellos que estén muy blandos y con una textura gelatinosa, ya que su dulzor natural será más intenso.

2. **Preparación:** Pela los caquis y colócalos en una batidora o Thermomix. Tritura bien hasta obtener una pasta suave y homogénea.

3. **Toque especial:** Si te apetece darle un toque distinto, añade un poco de polen y unas gotas de aceite de coco a la mezcla. Estos ingredientes le aportarán una textura más sedosa y un aroma delicioso.

4. **Extiende la mezcla:** Vierte la pasta en una bandeja cubierta con papel de horno, asegurándote de que la capa quede fina y uniforme para que se deshidrate de manera homogénea.

5. **Deshidratación:** Coloca la bandeja en la deshidratadora y deja que la pasta se seque. El tiempo dependerá del contenido de humedad de la fruta.

6. **Corte y almacenamiento:** Una vez lista, corta la pasta en tiras o porciones pequeñas. Estas barras resultan ideales como snacks saludables y duraderos.

El resultado es una golosina natural, sin azúcares añadidos, perfecta para meriendas o como aperitivo durante un viaje.

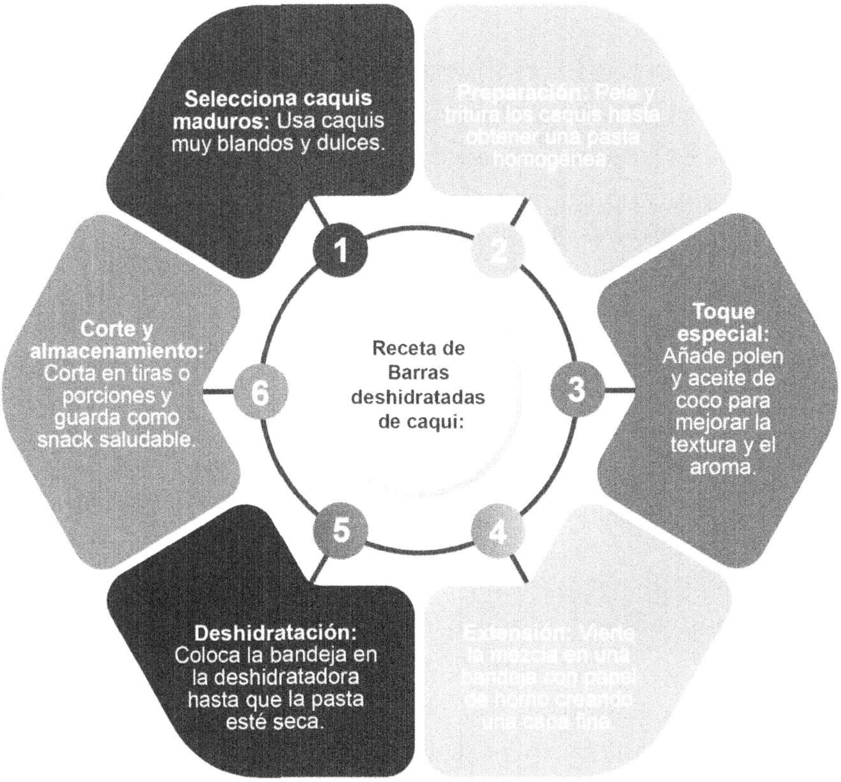

Deshidratados en Órgiva, Granada (España)

Hace un tiempo, un buen amigo que vive en Órgiva, un pintoresco pueblo de la Alpujarra granadina española, me habló sobre un problema que tenía con su huerto: su producción de frutas y verduras era tan abundante que no sabía cómo gestionarla. Me pidió consejo, y le propuse la deshidratación como una solución práctica para conservar los alimentos. Así que le animé a adquirir una deshidratadora industrial.

Con este método, convirtió su exceso de cosecha en productos deshidratados de larga duración, como tomates secos, manzanas y pimientos. Esta decisión no solo le permitió reducir el desperdicio de alimentos, sino que también le abrió un interesante nicho en los mercados locales, donde vendía sus productos con gran éxito.

Lo que empezó como una solución a un problema puntual, se transformó en una de sus principales fuentes de ingresos.

Deshidratación en un huerto urbano de Barcelona (España)

Algo similar me sucedió en Barcelona, en un huerto urbano donde también se enfrentaban a una producción demasiado abundante, pero con limitaciones en cuanto a recursos para conservar los alimentos. No contaban con cámaras frigoríficas suficientes, así que les sugerí la deshidratación como una alternativa eficiente y asequible.

Al principio, la probaron con plátanos que estaban demasiado maduros y que, de otro modo, habrían terminado en la basura. El resultado fue sorprendente: obtuvieron sabrosos chips de plátano deshidratado. A partir de esa experiencia, empezaron a aplicar esta técnica de conservación, ampliando de forma significativa su variedad de productos.

Aunque la deshidratación no es tan popular como otros métodos de conservación, resulta una opción muy ventajosa para los pequeños y grandes productores. Con los conocimientos adecuados y una modesta inversión inicial, podrás conservar los excedentes de producción y sacar el máximo partido a todo lo que tu huerta genere.

La congelación, una solución eficaz y práctica

Congelar los excedentes de tu huerto es otra técnica efectiva para evitar el desperdicio, aunque es fundamental que conozcas algunos detalles clave. A diferencia de las células animales, las vegetales contienen más agua en su interior y sus paredes son rígidas lo que puede ocasionar problemas durante la congelación. Al congelarse, el agua se expande provocando la ruptura de las paredes celulares, lo que repercute en la textura y el sabor de los alimentos.

Para minimizar este efecto en verduras de hoja verde, como acelgas o espinacas, es recomendable escaldarlas antes de congelarlas. Este breve proceso de cocción frena la actividad de las enzimas que podrían degradar los alimentos durante el tiempo que pasen congelados. Además, ayuda a conservar la estructura celular, preservando mejor el color y la textura.

Para escaldar las hojas, sumérgelas en agua hirviendo durante 3 minutos y, luego, enfríalas en agua con hielo para detener la cocción. Una vez escurridas y frías, guárdalas en bolsas de congelación, listas para usar cuando las necesites. Al sacarlas del congelador, puedes cocinarlas directamente, sin necesidad de descongelarlas.

En el caso de verduras más firmes, como las judías verdes, el brócoli, la coliflor o los pimientos, no es imprescindible escaldarlas. Puedes trocearlas y congelarlas tal cual, ya que su estructura celular contiene menos agua y es más resistente, por lo que soporta mejor el proceso de congelación. Te recomiendo congelar siempre en porciones adecuadas para una sola preparación, así evitarás tener que volver a congelar lo que no cocines, lo que afectaría la calidad del producto.

Por otro lado, cuando almacenes los productos en la nevera, utiliza recipientes de vidrio o bolsas de congelación y procura eliminar la mayor cantidad de aire posible antes de cerrarlos. Esto ayudará a mantener el sabor fresco de los alimentos y a prevenir las quemaduras por congelación, que se manifiestan en zonas descoloridas y secas, reduciendo la calidad de las verduras.

Conservación de zumos y batidos

La congelación es también una buena alternativa para aprovechar frutas y verduras a través de la preparación de zumos. Para ello, te recomiendo que uses máquinas de prensado en frío, ya que, a diferencia de las centrífugas, extraen el jugo sin generar calor, lo que permite conservar mejor los nutrientes y enzimas. Un zumo prensado en frío puede mantenerse congelado hasta un año y medio sin perder calidad, siempre que lo almacenes en botellas de vidrio bien cerradas.

Cuando congeles zumos en botellas, recuerda que no deben llenarse por completo, ya que aumenta de volumen al congelarse.

Deja siempre un margen del 8 al 10 % en cada botella para evitar que se rompan. A la hora de consumirlos, basta con que pases el zumo del congelador al frigorífico y esperes a que se descongele, manteniendo así su sabor y textura.

Si quieres aprovechar mejor la fibra de las frutas y verduras, opta por preparar batidos con una batidora potente. Aquí te dejo algunos ejemplos de combinaciones saludables que puedes probar:

- Espinacas, plátano y avena: Un batido rico en fibra, potasio y nutrientes esenciales.

- Zanahoria, manzana y jengibre: Refrescante y con propiedades antiinflamatorias.

- Col rizada, piña y pepino: Ideal como opción ligera y depurativa.

Espero que este capítulo te haya resultado tan interesante como útil y que pongas en práctica los métodos que te he mencionado. Recuerda que conservar lo que cultivas es una parte esencial del proceso en el huerto, y dominar esta habilidad te permitirá llevar tus cosechas a otro nivel.

Ahora que ya conoces las claves para conservar tus alimentos, te invito a que me acompañes en el próximo y último capítulo de esta aventura. En él, te contaré cómo afrontar el reto de cultivar en macetas cuando vives en un piso, compartiendo contigo historias y consejos prácticos para que tu huerto prospere en espacios reducidos.

¡Te espero en la siguiente página!

Capítulo 10

TU PROPIO HUERTO EN CASA

"Si realmente amas la naturaleza, encontrarás la belleza en todas partes".
Vincent Van Gogh

Hemos llegado a la recta final de este fascinante recorrido en el que hemos explorado las técnicas y conceptos clave para la creación de tu huerto. Es posible que no dispongas de un patio o un área comunitaria para iniciar tu proyecto, pero no te preocupes, tienes la opción de cultivar tus propios alimentos en casa.

Ya sea en tu balcón, terraza o incluso en el interior de tu hogar con macetas, puedes conseguir que tus plantas crezcan y disfrutar de sus beneficios. En este último capítulo, te explicaré cómo llevarlo a cabo de forma sencilla y efectiva, aunque dispongas de un espacio reducido.

¿Las plantas de interior son peligrosas para la salud?

Quizá hayas oído hablar de que mantener plantas en casa resulta perjudicial para la salud, porque supuestamente nos "roban" oxígeno y liberan dióxido de carbono (CO_2) durante la noche. Sin embargo, esta es una creencia errónea que genera preocupaciones innecesarias.

Durante el día, las plantas realizan la fotosíntesis, un proceso por el cual absorben dióxido de carbono y, utilizando la luz solar, expulsan el oxígeno. Esta función contribuye a mejorar la calidad del aire en los espacios cerrados, y es uno de los tantos beneficios de disponer de plantas en interiores.

No obstante, en cuanto cae la noche y no hay suficiente luz para la fotosíntesis, las plantas, al igual que todos los seres vivos, respiran y emiten pequeñas cantidades de CO_2. Pero el dióxido de carbono que liberan es mucho menor que el que producimos los seres humanos o incluso algunos electrodomésticos. Además, las plantas solo consumen una minúscula fracción del oxígeno que hay en el ambiente, por lo que no representan una amenaza.

La NASA llevó a cabo un riguroso estudio para aclarar esta cuestión. El objetivo del experimento era determinar si dormir en una habitación cerrada con plantas reducía de manera notable los niveles de oxígeno. Las pruebas se realizaron en un invernadero, un entorno con una concentración de CO_2 mayor que la de una habitación con algunas plantas. Los resultados fueron concluyentes: no se detectó una reducción significativa de oxígeno, ni se presentaron problemas respiratorios en los participantes.

Por tanto, tener plantas en tu hogar es seguro y ofrece múltiples ventajas. A continuación, te detallo 7 beneficios principales:

- **Mejora de la calidad del aire:** Las plantas de interior mantienen una humedad equilibrada en el hogar, lo que ayuda a prevenir problemas respiratorios, irritaciones en la piel y sequedad en los ojos, sobre todo en climas secos o cuando se usa la calefacción.

- **Absorción de compuestos tóxicos:** Algunas plantas, como el lirio de la paz, el potus o la sansevieria, absorben compuestos químicos nocivos como el formaldehído, el benceno y el tricloroetileno, reduciendo nuestra exposición a estas sustancias. Estos contaminantes suelen encontrarse en materiales de construcción, productos de limpieza y muebles del hogar.

- **Reducción del estrés:** Varios estudios han demostrado que el simple hecho de contemplar o cuidar las plantas reduce los niveles de estrés, ansiedad y tensión diaria.

- **Mejora de la concentración y la productividad:** Los entornos que incluyen vegetación nos ayudan a enfocarnos en nuestras tareas y a sentirnos relajados, lo que se traduce en más rendimiento y eficiencia.

- **Fomento de un estado de ánimo positivo:** Rodearnos de plantas nos genera una sensación de bienestar que impacta tanto en nuestra salud emocional como física, promoviendo un ambiente de calma y felicidad.

- **Efecto decorativo y estético:** Las plantas aportan vida y color a cualquier espacio, transformando una habitación monótona en un lugar vibrante y acogedor.

- **Contribución al descanso y al sueño:** Algunas especies como el aloe vera o la sansevieria liberan oxígeno durante la noche, mejorando la calidad del aire y contribuyendo a que disfrutemos de un sueño reparador.

En definitiva, las plantas mejoran la calidad del aire y contribuyen a crear un entorno más saludable, relajante y agradable.

No dudes en incorporarlas a tu vida diaria para disfrutar de todos sus beneficios.

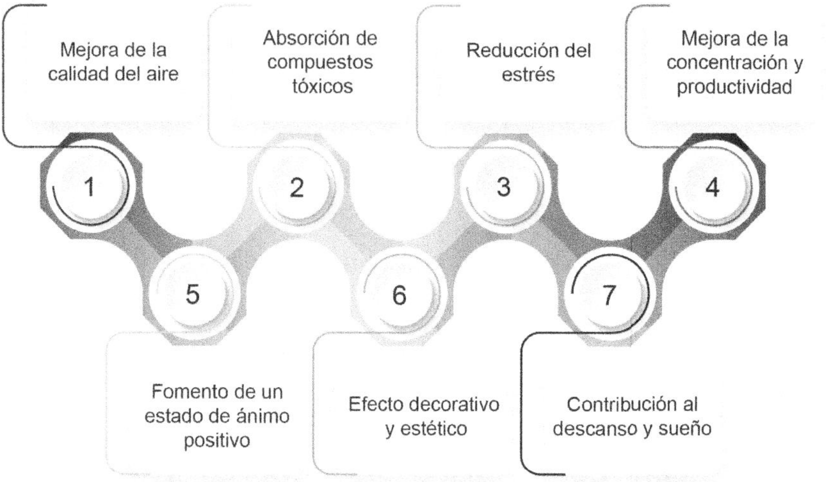

Cultivo en macetas

El cultivo en macetas es una excelente solución si no cuentas con grandes terrenos y deseas obtener alimentos frescos y saludables. Sin embargo, es más exigente que cultivar directo en el suelo, ya que las plantas en maceta dependen de un volumen limitado para desarrollarse. Esto implica que necesitarás prestar atención a varios aspectos:

1. Sustrato de calidad

Al cultivar en macetas no debes utilizar la tierra del jardín, pues en volúmenes reducidos tiende a compactarse, generando una estructura densa que impide que las raíces respiren. Este fenómeno, conocido como asfixia radicular, con el tiempo, ocasiona la muerte de la planta. Para evitar este problema, se usan sustratos que favorecen el drenaje y la aireación, como la fibra de coco y la turba:

- **Sustrato de coco:** También conocido como fibra de coco, se obtiene de la capa externa del fruto del cocotero. Tras un proceso de limpieza, lavado y compostaje, estas fibras se transforman en un material liviano, poroso y con una gran capacidad de retención de agua. Esta opción es ideal para cultivos en climas cálidos o para plantas que requieren riegos frecuentes.

  Se trata de una alternativa sostenible, ya que aprovecha un residuo natural y su impacto ambiental es menor en comparación con otros sustratos. A pesar de sus ventajas, la fibra de coco por sí sola no aporta nutrientes a las plantas, por lo que necesitarás añadir fertilizantes o usar versiones comerciales que ya incluyan estos componentes.

- **Sustrato de turba:** La turba se forma en ambientes muy húmedos a partir de la lenta descomposición de restos vegetales, como musgos y plantas acuáticas acumulados en pantanos y humedales. Existen dos tipos principales: la turba rubia y la negra. La rubia es la más utilizada para cultivar plantas en suelos secos y en macetas porque presenta más proporción de materia orgánica y retiene mejor el agua.

  No obstante, la extracción de turba genera un considerable impacto ambiental, ya que las turberas actúan como grandes sumideros de carbono. Al explotarlas, se libera CO_2, lo que contribuye al cambio climático. Además, esta actividad provoca la pérdida de biodiversidad, altera los ciclos del agua y expone el suelo a la erosión. Por ello, en muchas regiones se promueven alternativas más sostenibles, como la fibra de coco o el compost a base de residuos orgánicos, para reducir la presión sobre estos ecosistemas.

Personalmente, prefiero la fibra de coco por su menor impacto ambiental y su gran versatilidad.

2. *Cuidado del riego*

A diferencia de los cultivos en el suelo, las plantas en macetas no pueden extender sus raíces en busca de agua o nutrientes, lo que exige un riego más frecuente y cuidadoso. Asegúrate de que tus macetas cuenten con un buen drenaje, de manera que el agua salga por los orificios tras cada riego. Un drenaje inadecuado provocaría la acumulación de sales presentes en el agua, lo que generaría quemaduras en los bordes de las hojas por el exceso de salinidad y afectaría el crecimiento de tus plantas.

Presta especial atención durante el verano, ya que las altas temperaturas aumentan la demanda de agua. Por ejemplo, si cultivas una planta grande en una maceta pequeña, necesitarás regarla hasta 2 o 3 veces al día para mantenerla bien hidratada. El riego debe ser regular y uniforme, ya que la falta de agua provoca estrés hídrico y se manifiesta en hojas marchitas o descoloridas.

Además, puedes instalar un sistema de riego por goteo, que suministra agua de manera regular y ayuda a evitar tanto el exceso como la falta de riego. Algunos sistemas de goteo, como los que utilizan aros distribuidores, reparten el agua en varios puntos de la maceta. Sin embargo, te recomiendo que, de vez en cuando, riegues de forma manual para asegurarte de que todo el sustrato se mantenga hidratado.

El caso de Laia: cómo solucionar la acumulación de sales en las macetas

Mi hija Laia, que vive en la Bretaña francesa, enfrentó un problema con la acumulación de sales en el sustrato de sus plantas. Las hojas empezaron a mostrar quemaduras, lo que indicaba que la salinidad del sustrato estaba alcanzando niveles perjudiciales. Aunque ella regaba con frecuencia, no lo hacía en cantidades suficientes como para permitir que las sales se drenaran.

Para solucionarlo, le sugerí un método simple y eficaz: Le expliqué que sumergiera por completo la maceta en un recipiente con agua, manteniéndola allí durante unos cinco minutos o hasta que cesaran las burbujas (esto indica que todo el aire del sustrato ya ha salido). Luego, tras permitir que el agua se escurriera durante unos minutos, debía volver a regar con agua limpia para eliminar el exceso de sales. En solo una semana, sus plantas mostraron una notable mejoría.

Recuerda aplicar esta técnica si te encuentras ante una situación similar. Un buen drenaje, la frecuencia de riego adecuada y la atención a la acumulación de sales son factores clave para asegurar el éxito de tus cultivos.

3. Volumen y altura de las macetas

Es preferible que selecciones macetas altas y estrechas en lugar de bajas y anchas. Las macetas más altas mejoran el drenaje y permiten que el agua fluya hacia el fondo, favoreciendo la circulación de aire en el sustrato y la oxigenación de las raíces. Además, el espacio adicional en profundidad contribuye a que las raíces crezcan y se fortalezcan, lo que aumenta su capacidad de absorber nutrientes y enfrentar condiciones adversas como el calor o la sequía.

4. Nutrición de las plantas

Para nutrir correctamente tus plantas en macetas, debes ser preciso en cuanto al tipo de abono y la cantidad que utilizas. Te recomiendo el abono en pellets, ya que libera lentamente los nutrientes en el sustrato, permitiendo que las plantas los absorban de manera constante y equilibrada. Esto evita tanto la sobrealimentación como la pérdida de nutrientes por el riego.

Para determinar la cantidad a aplicar, debes calcular el volumen de sustrato en tu maceta. Se recomienda utilizar un 5 % del volumen total del sustrato en forma de pellets. Esto significa que, si tu maceta tiene 1 litro (1000 cm^3) de sustrato, deberías aplicar unos 50 cm^3 de pellets. Para una maceta con 2 litros de sustrato, necesitarías 100 cm^3 de pellets. Asegúrate de mezclar bien el abono con el sustrato al inicio del cultivo para que los nutrientes se distribuyan uniformemente.

La frecuencia con la que deberás aplicar el abono depende de las necesidades específicas de cada planta y de las características del sustrato que utilices. Por lo general, los pellets se aplican cada 6 meses, pero si el sustrato presenta una buena capacidad de retención de nutrientes, es suficiente con una única aplicación anual. Para el mantenimiento posterior, basta con que esparzas los pellets sobre el sustrato y remuevas con la mano la capa superior para favorecer su integración. A medida que riegues, los nutrientes se irán liberando y llegarán a las raíces.

Observa con regularidad el estado de tus plantas: si detectas signos de deficiencia de nutrientes, como hojas amarillas o crecimiento lento, o síntomas de exceso, como hojas quemadas o raíces dañadas, será necesario ajustar la fertilización.

Manuel y la falta de fertilización

Me viene a la mente el caso de Manuel, un aficionado de la horticultura que se acercó a mí en busca de consejo. Había puesto mucho empeño en preparar sus macetas con un sustrato de calidad, pero las plantas no crecían como él esperaba. Tras analizar la situación, me di cuenta de que había pasado por alto un aspecto fundamental: la fertilización.

Aunque el sustrato que utilizó proporcionaba algunos nutrientes al principio, estos se habían ido agotando con el tiempo, y sus plantas empezaron a mostrar signos de carencias. Le recomendé utilizar pellets de liberación lenta, y, después de aplicarlos en la dosis indicada, sus plantas recuperaron su vigor y crecimiento.

Jaime y los peligros del exceso de abono

Jaime, otro de mis clientes, cometió el error opuesto al de Manuel. Él estaba convencido de que sus plantas crecerían mejor si les proporcionaba más nutrientes, por lo que decidió aplicar una cantidad excesiva de abono en pellets en un contenedor donde cultivaba varias especies, incluidos pequeños árboles. El problema fue que la sobrealimentación causó un exceso de sales minerales en el sustrato, lo que acabó "quemando" las raíces, es decir, generando un daño grave que afectó la absorción de agua y nutrientes. Esto derivó en un deterioro generalizado de sus plantas.

Ante estas circunstancias, le aconsejé retirar parte del sustrato saturado y sustituirlo por uno nuevo, libre de exceso de fertilizante. También le expliqué la importancia de respetar las dosis recomendadas y ajustar la cantidad de pellets según los requerimientos de cada planta. Desde entonces, Jaime ha seguido estas pautas y sus cultivos han prosperado sin dificultad.

Estos dos ejemplos demuestran que ni la falta ni el exceso de nutrientes son buenos; lo ideal es aplicar el abono en la cantidad adecuada para asegurar un crecimiento saludable.

5. Importancia de la luz para el crecimiento de las plantas

La luz es esencial para la fotosíntesis, el proceso mediante el cual las plantas generan su energía. La cantidad y calidad de luz que reciben influyen en su crecimiento, floración y producción de frutos. Por ello, es crucial el lugar donde colocas tus macetas. Si cultivas en casa, sitúa tus plantas cerca de ventanas orientadas al sur, ya que suelen recibir la mayor cantidad de luz durante el día, o en balcones soleados donde puedan disfrutar del sol directo.

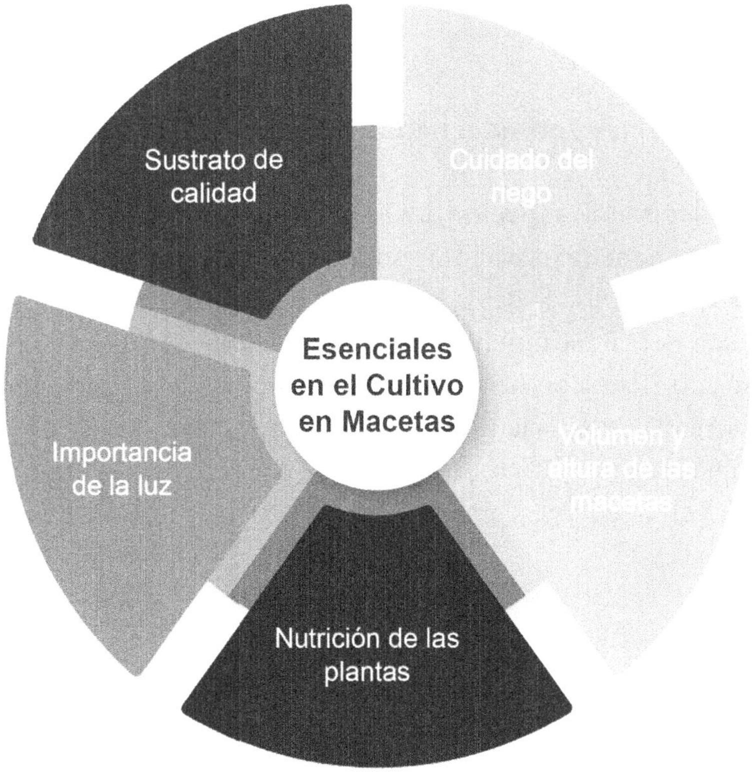

También debes tener en cuenta las necesidades específicas de cada especie. Algunas plantas, como las suculentas o muchas hortalizas, prosperan bajo la luz directa, mientras que otras, como las plantas de interior más delicadas, por ejemplo, los helechos, sufren si están expuestas a los rayos del sol durante varias horas y prefieren una luz más filtrada.

Si observas que tus cultivos no están recibiendo suficiente luz, puedes complementar la iluminación con luces de crecimiento específicas para plantas que imitan el espectro solar y ayudan a mantenerlas sanas.

¿Qué especies son adecuadas para el cultivo en macetas?

Al elegir qué especies botánicas cultivar en macetas, debes tener en cuenta el espacio disponible, así como las necesidades y cuidados específicos de cada planta. La tomatera, aunque es muy popular, demanda mucha atención en cuanto a riego, nutrición y espacio. Para los principiantes, es mejor optar por especies más sencillas, como la menta y el poleo, que son resistentes y se adaptan bien al cultivo en contenedores. Ambas son aromáticas y útiles en la cocina. También puedes probar con la lechuga o la zanahoria.

Otro buen ejemplo es el ajo tierno chino, del que se consumen las hojas, aportando un sabor suave y agradable a los platos. La cebolla tierna china también es apreciada por sus hojas comestibles. Estas especies no requieren grandes atenciones, lo que las hace perfectas para quienes están empezando su huerto en casa.

Si te interesa el mundo de las plantas medicinales, la bacopa es excelente para plantar en tu hogar; se le atribuyen propiedades para mejorar la memoria y efectos antiinflamatorios. Otra planta interesante es la acedera, cuyas hojas son ricas en vitamina C.

En cuanto a cultivos más exóticos, podrías considerar la estevia, que se usa como edulcorante natural, o la quirquiña, que sirve para elaborar ensaladas. Por otro lado, están las colocasias, conocidas por su belleza ornamental, que algunas de ellas se pueden consumir (o bien sus hojas, o bien sus raíces) dependiendo de qué especie se trate.

Otras opciones fáciles de manejar son el yute, ideal para preparar una fresca ensalada de verano, y la lechuga, que crece bien en invierno.

La barbarea y el rábano son plantas de rápido crecimiento, por lo que disfrutarás de sus resultados en poco tiempo. Asimismo, puedes cultivar la mizuna, una hortaliza de hojas tiernas, y la Ipomoea aquatica, que se desarrolla con facilidad en contenedores y se utiliza tanto en la gastronomía como en la medicina tradicional.

Si posees macetas grandes y deseas cultivar algo de fruta, te aconsejo plantar una zarzamora sin espinas o una grosella, que no demandan demasiados cuidados. Por otra parte, si dispones de contenedores amplios y te animas con algo más desafiante, puedes probar con patatas, aunque necesitan bastante espacio y profundidad para desarrollar sus tubérculos.

Lo mejor de cultivar diversas especies en macetas es la satisfacción de cosechar algo casi a diario, lo que te permitirá incorporar ingredientes frescos y nutritivos en tus comidas. Para facilitarte la elección de tus plantas, te sugiero que consultes en el siguiente enlace esta guía sobre diferentes especies botánicas que se pueden cultivar en maceta, donde encontrarás sus características y requerimientos.

https://esc.anea.me/rn_70

Mi hija Núria y los pulgones, una solución casera para combatir plagas en macetas

Cuando cultivas plantas en casa, también debes prepararte para enfrentar algunas plagas comunes. Un caso ilustrativo es el de mi hija Núria, que vive en Limoges, Francia, y decidió cultivar pimientos en macetas. Aunque esta especie es adecuada para el cultivo en contenedores, pronto se encontró con un problema habitual: la aparición de pulgones, pequeños insectos que se alimentan de la savia de las plantas y las debilitan si no se controlan a tiempo.

Como Núria no podía acceder a productos agrícolas especializados, me pidió consejo para eliminar esta plaga de forma casera. Le recomendé un remedio que es bastante efectivo para pequeños huertos o plantas en macetas: utilizar una solución de jabón suave, como el jabón de lavavajillas.

Para preparar esta mezcla, se disuelve una cucharadita de jabón, es decir, alrededor de 5 mililitros, por cada litro de agua. Esta solución debe aplicarse mediante un pulverizador, rociando bien las hojas afectadas, ya que los pulgones suelen esconderse en los pliegues y partes menos visibles.

El jabón funciona creando una capa que cubre los pulgones hasta asfixiarlos. Es importante que uses un jabón suave, sin tantos perfumes ni aditivos que afecten a las plantas. Este método es una alternativa a los productos químicos industriales, que son más agresivos. Tras unos días de aplicar esta solución de forma constante, los pulgones desaparecieron y los pimientos de Núria se recuperaron.

Hidrocultivos: ¿Son una opción sostenible y adecuada para principiantes?

Los hidrocultivos, también conocidos como cultivos hidropónicos, han ganado popularidad en la agricultura moderna por su eficiencia en el uso del agua y el espacio. Este tipo de sistema no utiliza el suelo; las raíces de las plantas se desarrollan en una solución acuosa enriquecida con nutrientes, o en ocasiones en sustratos artificiales como la lana de roca.

El siguiente esquema muestra la estructura del funcionamiento de los cultivos hidropónicos:

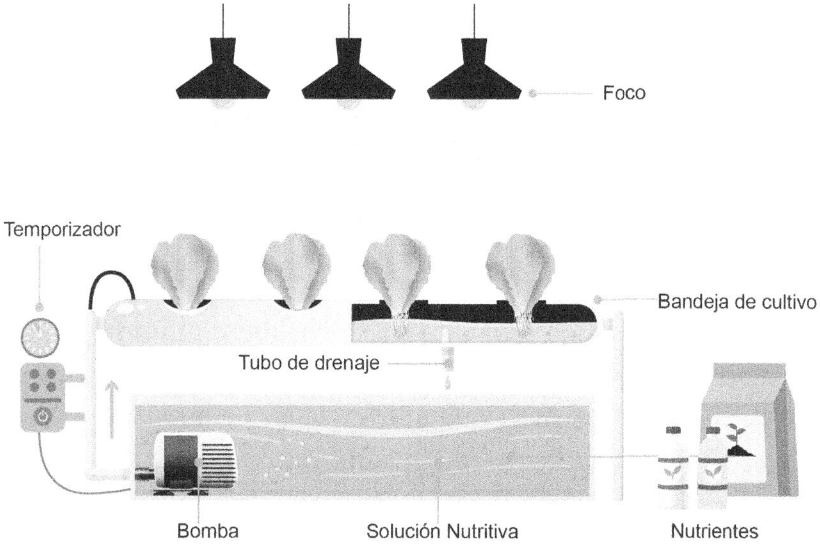

A primera vista, la idea de cultivar sin tierra parece atractiva, especialmente en espacios reducidos como terrazas o invernaderos urbanos, pero no es una opción sencilla ni sostenible para quienes desean crear un huerto casero respetuoso con el medioambiente. A continuación, te explicaré por qué no lo recomiendo para principiantes:

- **Coste inicial elevado:** Instalar un sistema hidropónico básico implica una inversión inicial considerable, ya que es necesario adquirir equipos costosos, como bombas de agua, sistemas de riego, medidores de pH y conductividad eléctrica, además de luces de crecimiento si decides cultivar en interiores o en condiciones de baja luz.

- **Complejidad técnica:** A diferencia del cultivo en suelo, donde la planta encuentra una reserva natural de nutrientes y agua, en hidroponía eres tú quien suministrará de manera precisa todo lo que la planta demande. Esto significa que deberás poseer conocimientos sobre el equilibrio de nutrientes, controlar el pH del agua, medir la conductividad eléctrica y ajustar la solución nutritiva con regularidad. Un pequeño error en alguno de estos parámetros sería fatal.

- **Dependencia de la electricidad:** Los sistemas hidropónicos dependen de la electricidad para funcionar. Las bombas deben mantener el flujo constante de agua y, en algunos casos, se necesitan luces artificiales para garantizar un crecimiento óptimo. Si ocurriera un corte de 2 o 3 horas, las plantas sufrirían por falta de riego, poniendo en riesgo toda la cosecha. En un cultivo tradicional, el suelo actúa como un amortiguador que retiene agua y nutrientes, proporcionando una mayor resiliencia ante este tipo de imprevistos.

- **Vulnerabilidad a fallos en el sistema:** Otra gran desventaja es que cualquier fallo técnico, como una avería en la bomba o una fuga en el sistema de riego, tendría consecuencias graves en pocas horas, lo que aumenta el nivel de estrés asociado a esta actividad.

- **Mantenimiento constante:** Los sistemas hidropónicos requieren un seguimiento diario para el crecimiento de las plantas, lo que implica el frecuente monitoreo de los niveles de pH, la conductividad eléctrica, el control de drenaje y la cantidad de nutrientes disueltos.

- **Impacto ambiental y riesgos de contaminación:** A pesar de que la hidroponía se presenta como un método eficiente en el uso del agua, genera otros tipos de problemas ambientales. Los nutrientes que se disuelven para alimentar las plantas son sales minerales y fertilizantes químicos; si el sistema no está bien gestionado, los desechos que se generan en los drenajes contaminan los cuerpos de agua cercanos, como ríos y acuíferos.

  Por ejemplo, en muchas regiones de España, el exceso de nitratos ha afectado la disponibilidad de agua potable. Además, muchos de los materiales utilizados en los sistemas hidropónicos, como plásticos y espumas, no son biodegradables, lo que genera residuos que tardan siglos en descomponerse.

- **Sensibilidad y limitaciones de los cultivos:** Las plantas cultivadas en hidroponía son muy sensibles a los cambios en su entorno, por lo que las variaciones en la temperatura, luz o calidad del agua afectan rápidamente su crecimiento. Así, los hidrocultivos solo pueden emplazarse en invernaderos o en espacios cerrados. Además, no todas las especies vegetales se adaptan bien a este tipo de cultivo; las plantas con raíces grandes o profundas, como los árboles frutales o ciertos tubérculos, no son adecuadas para este sistema.

- **Dependencia de recursos externos:** La hidroponía depende en gran medida de insumos externos, ya que las soluciones nutritivas deben adquirirse y reponerse regularmente. Esto genera un coste adicional y una dependencia constante de productos químicos. Si surgen problemas en la cadena de suministro o los precios aumentan, el sistema se vuelve insostenible.

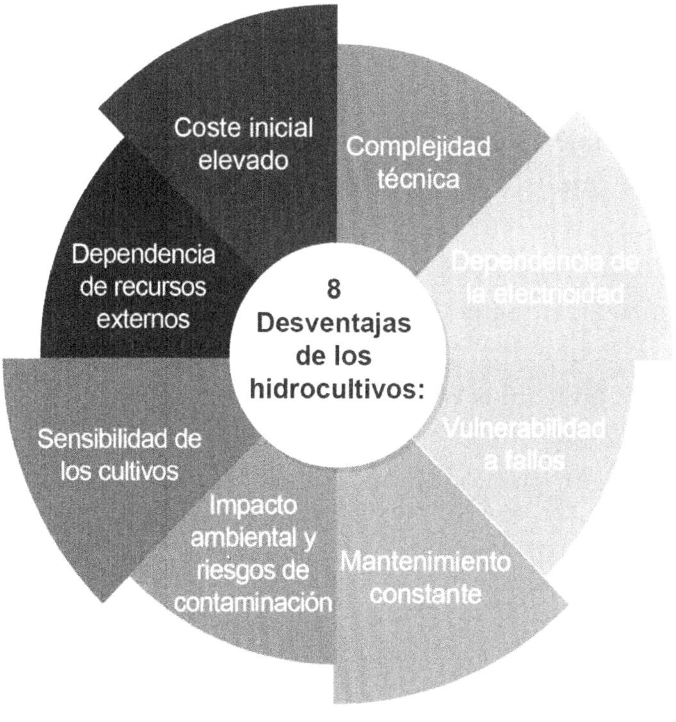

Por lo tanto, si deseas establecer un huerto en casa de manera sostenible, la hidroponía no es la mejor alternativa. Aunque parezca una solución moderna y eficiente, la realidad es que conlleva un elevado impacto ambiental debido al uso de fertilizantes químicos, la generación de residuos no biodegradables y la dependencia de energía eléctrica. Además, requiere un nivel de mantenimiento técnico que no es adecuado para principiantes.

En cambio, te aconsejo optar por la agricultura orgánica, que es respetuosa con el medioambiente, permite una mayor conexión con los ciclos naturales y promueve la sostenibilidad a largo plazo.

Un nuevo estilo de vida

Y tú también puedes formar parte de este nuevo estilo de vida en el que la sostenibilidad y el respeto por la naturaleza son protagonistas. Por este motivo, te invito a reflexionar sobre qué es lo que tú quieres y deseas, enviándote una carta a tu Yo del futuro. Sí, sí, entendiste bien, una carta que te envías a ti mismo en la que te propongo que describas cuál es tu situación actual, qué obstáculos te gustaría superar y cómo te imaginas tu vida ideal dentro de 3, 6 o 9 meses cultivando y obteniendo los alimentos de tu propio huerto.

https://esc.anea.me/rn_80

A lo largo de este libro, he querido abrirte los ojos a un mundo que, poco a poco, nuestra sociedad ha relegado, ocultado o simplemente omitido. Nos han enseñado que cultivar la tierra es demasiado trabajo, que conlleva sacrificio y sufrimiento, y que es mucho más fácil entrar a una gran tienda donde todo es brillante, accesible y perfecto a simple vista. Pero lo que no nos han dicho es que, detrás de esa comodidad, se nos priva de algo mucho más valioso: la conexión con la naturaleza y con la esencia misma de lo que nos alimenta.

Te he mostrado que existe una amplia variedad de alimentos, muchos de ellos medicinales, capaces de sanar, nutrir y deleitar con sabores que pocas veces encontramos en productos procesados. Mi deseo es que, al terminar estas páginas, sientas la curiosidad y el entusiasmo de ampliar tu horizonte, de ver más allá de lo que te han contado, y comprendas que cultivar no es solo un trabajo, sino una experiencia profundamente gratificante. Tú también puedes ser parte de este mundo, disfrutar del placer de plantar tus propios alimentos y ver crecer algo que has cuidado con tus propias manos. Y esto, lejos de ser un sacrificio, es un gozo diario.

Cultivar te brinda soberanía. Te da la seguridad de saber qué consumes y, lo más importante, te conecta con algo más grande: la satisfacción de crear vida, de cuidar la tierra y de contribuir al bienestar de todos los seres que habitan en ella, humanos y no humanos. El huerto urbano es más que una simple actividad, es una oportunidad de descubrir un mundo inmenso, profundo y lleno de valor, que siempre ha estado ahí, esperando a que lo redescubras.

Espero que, así como yo he encontrado plenitud en este camino, tú también puedas hacerlo. Porque al final, no se trata solo de cultivar alimentos, sino de cultivar bienestar, sabiduría y una conexión más auténtica con la vida.

Y si en algún momento sientes que necesitas orientación o ayuda para iniciar o mejorar tu propio huerto, no dudes en contactarme.

https://esc.anea.me/rn_50

Estaré encantado de acompañarte en este viaje hacia una vida más plena y conectada con la naturaleza. Juntos, podemos hacer que este maravilloso camino sea aún más enriquecedor.

CONTENIDO ADICIONAL

Este libro es solo el comienzo de un camino que puede transformar tu forma de alimentarte, de relacionarte con la naturaleza... y contigo mismo.

Para acompañarte más allá de estas páginas, he preparado una serie de recursos adicionales que te ayudarán a poner en práctica lo aprendido: tutoriales paso a paso, conferencias, entrevistas y contenidos exclusivos pensados para resolver tus dudas y motivarte en la creación de tu huerto.

Te invito a que sigamos conectados.

Accede al contenido adicional en el siguiente enlace:

https://esc.anea.me/rn_85

Somos muchas las personas que creemos en otra forma de vivir, más consciente, más natural y más libre.

Gracias por llegar hasta aquí.

Aquí puedes descargar el Audiolibro,
leído por el autor totalmente gratis

https://esc.anea.me/rn_90

Puedes encontrar más información sobre la actividad profesional del autor Ramón Navia-Osorio Pascual en:

https://ramonnavia.com

aquituhuertoramonydiego@gmail.com

Si te gustó este libro, déjame tu comentario/reseña en Amazon. Para mí tu opinión es muy importante.

Entra en el enlace en función de tu país.

Muchas gracias

Amazon.com / Amazon.es (España) / Amazon.mx (México)

GreenCorp y Agrosta colaboran con la edición de este libro

GreenCorp®

Revolucionamos la Bio-Agricultura™

agrOsta

greencorpbiomx greencorpgroup

Made in United States
North Haven, CT
03 November 2026

21719201R00157